Building
Construction
HandBook

건축기술핸드북시리즈

건물진단

유 병 억 역

기 문 당

이 책을 발간하면서

최근 보수나 개수에 의해 건물의 기능 · 성능을 회복 · 재생하기 위한 리뉴얼 사업이 각 건설회사에서 활발하게 이루어지고 있다. 건설업에 종사하는 자로서 지구환경 면에서의 지속형 사회를 향한 기존 건물의 장수명화 실현은 이제 가장 중요한 과제로 여겨지고 있다.

건물을 오랫동안 유지시켜 나가기 위해서는, 우선 대상이 되는 건물의 현상을 정확히 파악하는 것부터 시작해야 함은 두말할 나위 없다. 이를 위해서는 다양한 각도에서 조사하여 정확하게 진단하는 것이 무엇보다 중요하며, 바로 그것이 리뉴얼 계획의 원점이다.

하지만 실제로 어떤 조사항목이 있고 어떤 방법으로 추진해나가야 하는지에 대해 특히 경험이 부족한 기술자들에게는 매우 어려운 일이다. 또한 필요로 하는 정보를 신속히 얻을 수 있고 부적합한 곳을 조기에 발견하여 대응하는데 도움이 될만한 참고서가 의외로 적어 경험이 풍부한 베테랑 기술자나 건물진단을 전문으로 하는 회사에 의뢰할 수밖에 없는 실정이다.

이 책은 바로 이러한 문제를 해소시켜 주고 조사 · 진단에 대한 목적과 구체적인 방법 및 평가 · 판정의 기준에 대해 실제 사례를 들어 간결하게 해설한 것이다. 조사 · 진단에는 각 부위와 기기를 대상으로 하는 것부터 건물을 기능성, 경제성, 안전성, 디자인성, 사회성 등 다양한 각도에서 파악하는 종합진단 등이 있는데, 여기서는 비교적 하드(hard)한 부분을 중심으로 다루고 있다.

앞으로 건물의 조사 · 진단 업무가 맡는 역할이 더욱 커질 것으로 예상된다는 점에서, 이 책이 기능 · 성능의 유지향상, 안전 · 방재에 대응한 건물의 장수명화와 자원지속형 사회 실현에 조금이나마 도움이 되었으면 하는 것이 모두의 바람이다.

저 자

역자서문

개발년대와 건설기술이 낙후된 시대에 건설된 건축물에 대하여 최근 보수 · 개수 등에 대한 건축물의 기능과 성능을 회복하기 위한 사업이 안전진단회사, 유지보수관련회사, 리모델링회사 등에서 활발하게 이루어지고 있다. 이를 위해서는 무엇보다도 건축물의 현상을 정확히 파악하고 다양한 각도에서 정확하게 진단하는 것이 무엇보다 중요하다. 이에 이 책의 내용을 분석하여보니 지금까지 우리나라에서 발간된 어떤 책에서도 보지 못했던 여러 가지 항목 특히 방수, 기계설비, 전기설비, 지진에 관한 새롭고 유익한 항목들이 기재되어 있어 번역을 결정하게 되었다. 각 장마다 목적, 방법, 평가, 판정, 평가 · 판정포인트 등이 구체적으로 알기 쉽게 서술되어 있다.

이 책은 건물을 안전하고 쾌적하며 오래 사용하기 위한 진단항목을 구체, 방수, 외벽, 외장, 설비, 건축환경(음, 진동, 열), 내진(구조체, 비구조체, 설비) 등으로 나누어 총 29가지의 열화현상 사례를 수록하였으며, 특히 열화된 곳을 화살표시하여 참고가 되도록 하였으며, 각 사례를 시험 · 조사방법, 평가 · 판정방법순으로 해설하고 있다.

지금까지 우리나라에서 발간된 안전진단에 대한 책은 대부분 내용이 구체에 한정되었다. 그러나 이 책은 구체뿐만 아니라 서두에 언급한 모든 것을 총체적으로 망라하고 있다. 특히 1988년에야 지진규정이 제정된 우리나라는 지진에 대한 기록과 역사가 짧고, 일본이나 다른 환태평양지역 국가들처럼 큰지진 발생빈도가 적은 우리나라는 국민 대다수가 지진에 대하여 무감각한 상태이다. 그러나 지진은 언제 발생할지도 모르는 재앙이므로 미리미리 대비하여야 한다.

그런 의미에서 이 책은 우리에게 매우 유익한 책으로 지진에 대하여 구체뿐만 아니라 반자 및 바닥재, 외부벽체, 설비기기의 기초, 배관지지 등에 대해 시험 조사 방법뿐만 아니라 판정 평가 방법까지 수록하고 있다

이 책은 학부나 대학원생뿐만 아니라 일선 실무자에게도 매우 유익한 실무 참고서가 될 것이다.

역 자

Contents

1장 이 책을 보는 법 · 사용방법

1 구 성

이 책은 건물을 안전하고 쾌적하며 오래 사용하기 위한 진단항목을 구체, 방수, 외벽 · 외장, 설비, 건축환경(음 · 진동 · 열), 내진(구조체 · 비구조부재 · 설비)으로 나누어 29가지의 열화현상 사례를 수록했다. 또한 각 사례(열화된 곳을 ○나 →로 표시)에 대해 시험 · 조사방법→평가 · 판정방법 순으로 4페이지로 구성하여 해설하고 있다.

시험 · 조사에 관한 해설에서는 건물의 부위 · 재료 · 현상의 사례를 들어 시험 · 조사의 목적 및 방법, 순서 등을 나타냈다.

평가 · 판정에 관한 해설에서는 시험 · 조사에 의해 얻어진 데이터를 바탕으로 대상이 되는 부위의 보수 · 개수 여부를 판정하는 기준과 그 검증법을 나타냈다.

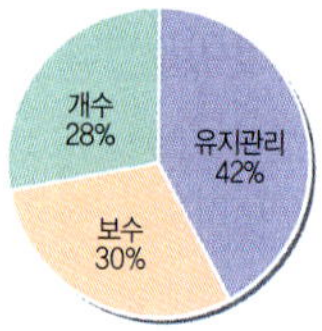

단독주택을 제외한
리뉴얼 사업의 매상구성비율
(2000년)

2 시험 · 조사 포인트 / 평가 · 판정 포인트

건물의 기능 · 성능을 회복 · 재생하기 위해서는 재료 · 현상을 정확히 파악하는 것이 중요하다. 열화 원인을 해명함과 동시에 평가 · 판정의 기준과 보수 · 개수공사의 포인트를 간결하게 나타냈다.

❖ 시험 · 조사포인트

➡ ○○○○○○○○○○○○○○○○○○○○○○○○○○○○○○○○○○○○
○○○○○○○○○○○○○○○○○○○

❖ 평가 · 판정포인트

➡ ○○○○○○○○○○○○○○○○○○○○○○○○○○○○○○○○○○○○
○○○○○○○○○○○○○○○○○○○○○○○○○○○○○○○○○○○○
➡ ○○○○○○○○○○○○○○○○○○○○○○○○○○○○○○○○○○○○

3 부록

권말에는 '8장 내진진단'의 참고자료로서 '내진법규의 변천', '효고현(兵庫縣) 남부지진의 교훈', '내진진단 순서', '내진보강 순서', '과거의 대지진과 내진법규의 변천'을 수록했다. 특히 1981년 이전에 지어진 '구 내진기준'에 따른 건물을 조사 · 진단할 때의 지침은 효고현 남부지진의 피해상황을 예로 들어 해설했다.

4 보는 법 · 사용방법

■ 불량시공에 대한 대응, 기능성 향상, 보전(개수) 계획의 입안!

건물은 부위와 재료, 설비기기 등에 따라 각각 내용년수가 다르며, 입지환경이나 사용상황, 과거의 피해력에 따라서도 내구성에 차이가 나타난다. 안전하고 쾌적하며 건물을 오랫동안 사용하기 위해서는 이 책을 참고로 하여 확실한 보전계획을 세우는 것이 중요하다.

시험 · 조사방법

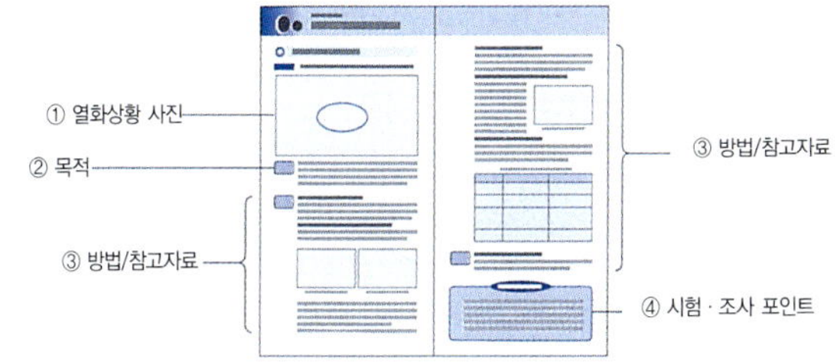

평가 · 판정방법

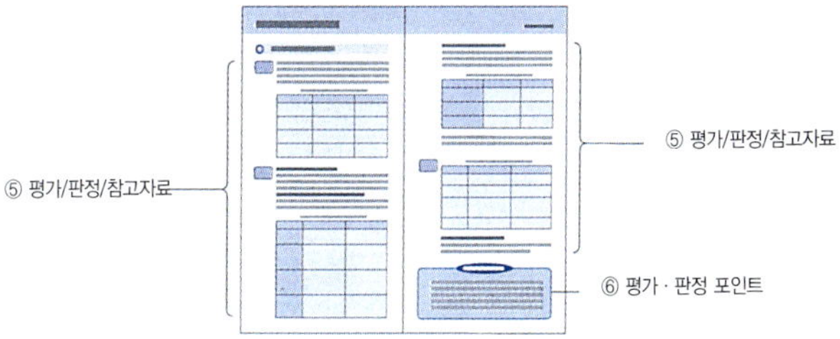

주의) 「**진단의 목적을 명확히 하는 것이 원칙**」

건물을 조사 · 진단하는 목적에는 '불량 대응', '기능 · 성능향상', '보전(개수)계획 입안', '자산 조사를 위한 현상 파악' 등, 목적에 따라 진단방법과 진단레벨이 크게 다르다. 이 책은 진단을 통해 건물의 현상을 정확히 파악함과 동시에 적절한 보전계획 자료를 얻는 것을 가장 큰 목적으로 하며, 이를 위한 진단과 평가 기준을 나타내는 것을 요지로 하고 있다. 실제 업무에 있어서 이 책에 나타낸 지침 등을 반드시 참고하도록 한다.

열화부위의 조기발견 · 조기대응
작업복 윗주머니에 '건축기술핸드북' 지참!!
이것이 품질 향상의 첫걸음이다.

2장 부위 · 재료별 진단항목

1 부위 · 재료별 중요 진단항목 일람

구체관계

① 콘크리트의 압축강도는 설계기준 이상인가?
② 콘크리트에 균열이 발생하지 않았는가?
③ 바닥콘크리트에 휨이 발생하지 않았는가?
④ 콘크리트의 중성화 현상은 보이지 않는가?
⑤ 철근콘크리트조에서 철근부식 현상은 보이지 않는가?
⑲ 건물 내에 설치된 기계 가동시 철골구조물이 진동하지 않는가?
⑳ 콘크리트의 바닥슬래브가 보행시 진동하지 않는가?
㉓ 철근콘크리트조 건물은 내진기준을 따르고 있는가?
㉔ 철골철근콘크리트조 건물은 내진기준을 따르고 있는가?
㉕ 철골구조물은 내진기준을 따르고 있는가?

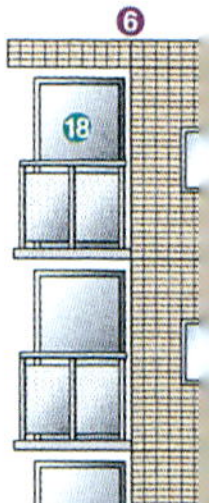

외장관계

⑧ 줄눈 실링재가 열화되어 있지 않은가?
⑨ 외장도장마감재에 백아화(chalking)나 박리가 발생하지 않았는가?
⑩ 외장타일에 들뜸이나 박락이 발생하지 않았는가?
⑩ 외장타일은 내진성능을 따르고 있는가?
⑪ 외장알루미늄금속패널에 점식이 발생하지 않았는가?
⑫ 외장 ALC패널에 균열이 발생하지 않았는가?
㉗ 외장 ALC패널은 내진성능을 따르고 있는가?

설비관계

⑬ 전기 · 위생 · 공조설비는 기본 성능을 충족시키고 있는가?
⑭ 조명기구에 부식 등의 열화된 곳은 없는가?
⑭ 콘센트류에 열화된 곳은 없는가?
⑮ 배관에 막힘이나 부식 등의 불량한 곳은 없는가?
㉙ 배관의 지지력이 내진성능을 따르고 있는가?

*① ~ ㉙ 의 숫자는 이 책의 사례 번호를 나타낸 것임

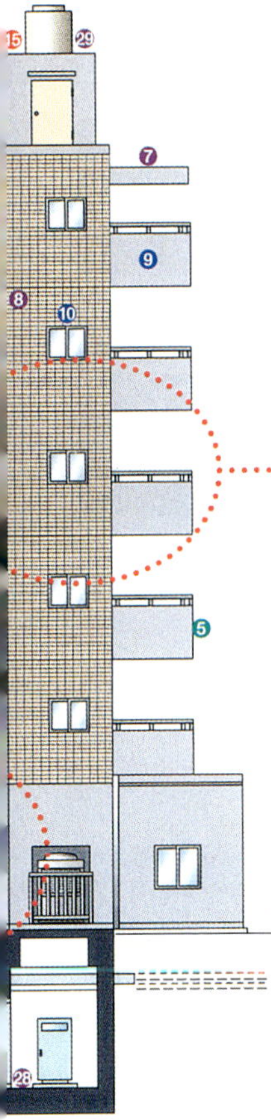

옥상관계

- ⑥⑦ 옥상방수층에서 누수되는 곳은 없는가?
- ⑥ 보호콘크리트에 균열 등 열화된 곳은 없는가?
- ⑥ 아스팔트방수층에 균열이나 팽창 등 열화된 곳은 없는가?
- ⑦ 시트 방수층에 박리가 발생하지 않았는가?
- ⑦ 우레탄도막방수층의 표면이 열화되어 있지 않는가?
- ㉘ 설비기기의 기초는 내진성능을 따르고 있는가?

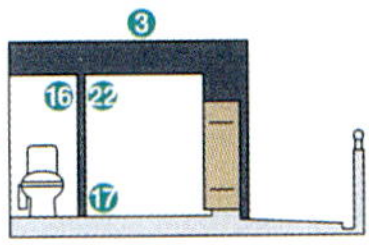

내장관계

- ㉒ 집합주택의 거실 내 반자이나 벽에 곰팡이나 결로가 발생하지 않았는가?
- ㉖ 비구조부재인 반자 및 바닥재는 내진성능을 따르고 있는가?

건축환경관계

- ⑭ 건물 내에 설치된 조명은 초기의 조도기준을 따르고 있는가?
- ⑯ 이웃집간의 차음성능은 기준치를 따르고 있는가?
- ⑰ 바닥충격음의 차음성능은 기준치를 따르고 있는가?
- ⑱ 외부의 교통소음에 대한 차음성능은 기준치를 따르고 있는가?
- ⑱ 설비기기 소음에 대한 차음성능은 기준치를 따르고 있는가?
- ㉑ 사람이나 정밀기기에 대한 미소진동은 허용치 이내인가?

3장 구체진단
콘크리트의 압축강도

1 시험 · 조사방법

사례 1 건물의 구체 콘크리트에 열화현상이 나타남

콘크리트 표면의 열화

콘크리트의 폭렬에 의한 박리

목 적

실제 콘크리트의 압축강도가 설계상의 필요강도를 확보하고 있는지 여부를 조사하여 적절한 보수 및 유지관리를 하기 위한 판단자료를 얻는 것이 목적이다.

방 법

1. 콘크리트의 코어공시체 채취 시험법

건물에서 직접 원주형 코어공시체를 채취하여 시험하는 방법.
시험은 1) [일본] JIS A 1107(KS F 2422)에 따른다.
2) [한국] KS F 2422(콘크리트에서 절취한 코어 및 보의 강도시험방법)에 따른다.

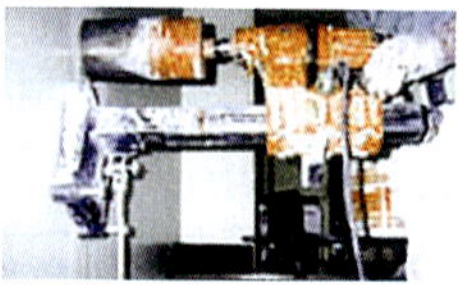
코어 채취 작업

코어 채취

조사 순서

① 코어 보링의 위치 결정
☞ 철근, 균열, 곰보판이 있는 곳은 피한다.
② 코어 채취 전의 표면상황 기록 및 사진촬영
③ 보링 머신으로 코어 채취
☞ 직경 10cm를 원칙으로 한다.

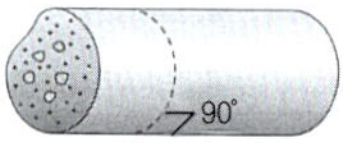

각도직각 90°

④ 코어 채취 상황 및 코어의 사진촬영
⑤ 단면과 코어축과의 각도는 직각(90°)이 되도록 절단
⑥ 코어 양단면의 캡핑 또는 연마
⑦ 침적(dipping)(20±3℃의 물 속에서 40~48시간)
⑧ 공시체의 평균직경 및 평균높이 측정과 기록
⑨ 압축시험
☞ (일본) '콘크리트의 압축강도시험방법' 에 따른다.
☞ (한국) KS F 2405 '콘크리트의 압축강도시험방법' 에 따른다.

2. 반발경도법(슈미트햄머법)

콘크리트 표면을 타격하여 그 반발경도로부터 강도를 추정하는 방법.

슈미트햄머에 의한 콘크리트면 타격시의 반발도 R과 콘크리트의 압축강도 Fc 사이에서 거의 일정한 상관관계를 볼 수 있다는 실험적 사실에 근거한 것이다.

조사순서

슈미트햄머

① 측정 부위의 표면상태 기록 및 사진촬영

② 마감재 철거, 표면 연마

③ 측정면 상황을 사진촬영

④ 슈미트햄머 타격 및 측정

☞ 타격점의 수 : 20점

(평균치의 20% 이상의 오차값을 제외한 수)

타격점의 상호간격 : 3cm 이상

⑤ 시험 상황을 사진촬영

⑥ 측정치 및 타격 각도의 기록

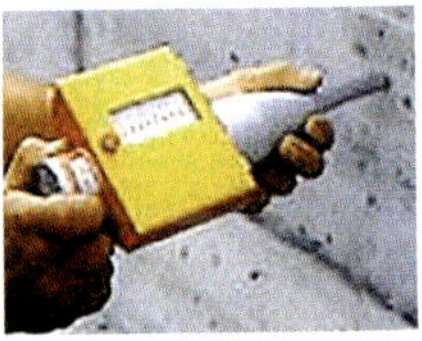

슈미트햄머

참 고

1. 초음파속도법

콘크리트에 밀착시킨 단자에서 발진한 초음파 펄스(20~200kHz의 단속음파)가 콘크리트 속을 지나 다른 쪽 단자에 가장 빨리 도달한 시간을 구해(전파시간), 그 거리의 속도로 콘크리트 강도를 추정하는 방법

2. 인발강도법

조사부위에 홀인앵커를 쳐 넣고 인발시험장치로 인발강도를 측정하여 압축강도를 추정하는 방법

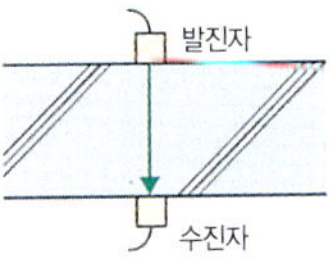

초음파속도법

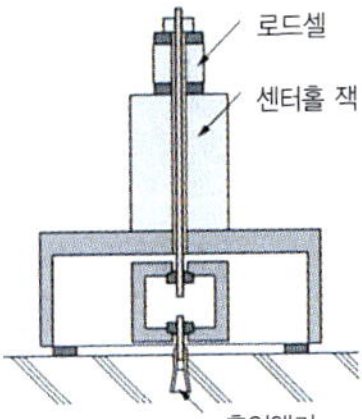

인발강도법

❖ 시험 · 조사 포인트

☞ 목적에 따라 적절한 조사방법을 선택할 것. 비파괴검사는 측정정밀도가 높지 않으므로 압축강도 추정이 필요한 경우는 코어공시체 채취 시험법을 채용할 것

☞ 코어공시체를 채취할 때에는 기둥, 보 등과 같은 구조부재를 피한 위치를 선택할 것

☞ 반발경도법은 두께 10cm나 폭 15cm 이하가 되는 곳이나, 모서리 부위, 들뜸 · 균열이 발생한 곳은 피할 것

2 평가 · 판정방법

평 가

1. 강도 추정치 – 코어공시체 채취 시험법에 의한 경우

JIS A 1108 '콘크리트의 압축강도시험방법' 에 따른다.(KS F 2405)

$$F_C = \frac{P}{\pi\left(\frac{d}{2}\right)^2}$$

F_C : 압축강도의 추정치(N/mm²)
P : 파괴하중(N)
d : 공시체의 직경(mm)

보정계수 (JIS A 1107/KS F 2422)

높이와 직경의 비 $\frac{h}{d}$	보정계수
2.00	1.00
1.75	0.98
1.50	0.96
1.25	0.93
1.00	0.87

2. 강도 추정치 – 반발경도법에 의한 경우

① 보통콘크리트의 경우

$$Fc = \beta \times (7.3(R_0 + \Delta R) + 100)$$

② 경량콘크리트의 경우

$$Fc = \beta \times (10.1(R_0 + \Delta R) + 2)$$

Fc : 압축강도 추정치(kgf/cm²)
R_0 : 측정치의 평균
ΔR : 타격각도에 의한 보정치
β : 재령계수

☞ SI 단위로 환산
1kgf/cm² = 0.098(N/mm²)

타격각도에 따른 보정치

R_0 \ α	+90°	+45°	-45°	-90°	비 고
10	–	–	+2.4	+3.2	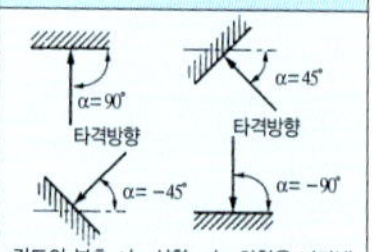
20	−5.4	−3.5	+2.5	+3.4	
30	−4.7	−3.1	+2.3	+3.1	
40	−3.9	−2.6	+2.0	+2.7	
50	−3.1	−2.1	+1.5	+2.2	
60	−2.3	−1.6	+1.3	+1.7	각도의 부호 +는 상향, −는 하향을 나타냄

재령계수

재령(일)	28	100	300	500	1000	3000
β	1.0	0.78	0.70	0.67	0.65	0.63

판 정

열화 정도는 해당 건물의 설계기준강도와 조사에 의한 압축강도비(%)를 산출하여 3단계로 구분해서 판정한다. 또한 보강 여부는 열화 정도에 따라 다음 표를 참고로 판단한다.

강도열화는 부위에 따라 구조상 중요한 문제가 되므로 필요에 따라 구조담당자나 구조전문가의 판단을 따를 것.

열화 정도의 구분[1)]

구 분	구분기준(설계기준강도비 : %)	
	코어공시체의 경우	반발경도법의 경우
Ⅰ (없음)	100 이상	100 이상
Ⅱ (중간)	85 이상 100 미만	90 이상 100 미만
Ⅲ (심함)	85 미만	90 미만

열화 정도의 구분 판정기준[2)]

구 분	구조전문가의 판단	보수·보강의 판단
Ⅰ (없음)	불필요	불필요
Ⅱ (중간)	필요에 따라 실시	필요
Ⅲ (심함)	필요	필요

참 고

콘크리트의 강도열화 요인

발생시기	분 류	원 인	특 징
준공 전	배합·재료 부적합	배합설계시의 실수	
		시멘트량 부족	
		저품질 골재 (연석·반응성 골재) 사용	균열, 터져나옴
		혼화재료의 과잉첨가, 종류 과오	균열
	시공 결함	충전 부족	공극, 표면곰보, 구멍
		분리	공극, 표면곰보, 구멍
		가수	균열
		초기양생(습윤양생·초기 동해방지 등) 부족	균열, 표면박리
준공 후	기상·환경조건	건조	균열
		동해	균열, 표면박리
		고온	균열, 변색, 퇴색
	화학작용	강산류	표면열화, 변색, 퇴색
		유지류	표면열화, 변색, 퇴색
		염류(황산염)	균열
	기계작용	반복하중	균열

❖ 평가·판정 포인트

☞ 부재의 건전성, 내진진단 등의 구조적 판단을 하는 경우에는 조사결과를 반영한 강도를 채용하여 고찰할 것.

☞ 건물 준공 후에 강도열화가 생기는 경우는 균열이나 표면 콘크리트의 손상을 수반하는 경우가 많으므로 주의할 것.

1 시험 · 조사방법

사례 2 건물의 골조(외벽 · 기둥)에 균열이 생김

외벽 개구부의 균열

지하골조 기둥의 균열

목 적

콘크리트 균열에 관한 조사를 하여 골조의 열화 정도를 진단하고, 그 건축물의 적절한 보수 및 유지관리를 위한 판단자료를 얻는 것이 목적이다.

방 법

조사항목

조사항목	조사내용
패턴	규칙성 · 형태 · 발생부위(분포)
폭	최대폭 측정
길이	가시범위 기록

조사기구

① 크랙 스케일
② 루페(균열확대경)
③ 스케일(균열길이측정용)
④ 쌍안경

조사부위 선정

균열 조사부위는 균열이 골조에까지 미친 곳으로 한다.

크랙 스케일에 의한 측정

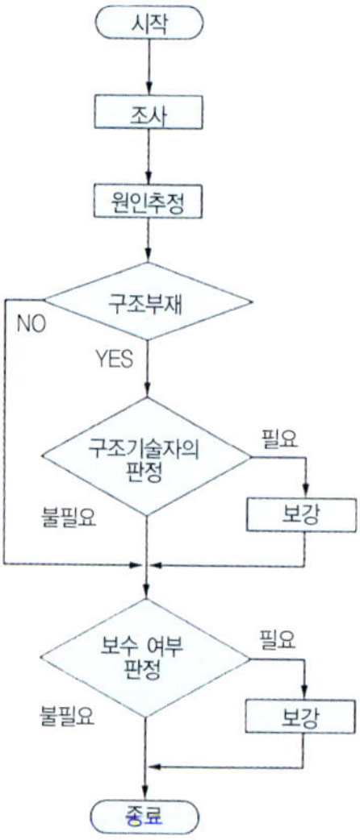

보수 · 보강 판정 순서

참 고

1. 균열을 화상처리하는 방법

디지털카메라와 연계하여 다양한 화상합성기능과 독자적인 화상변환처리로 균열의 특징을 묘사할 수 있는 소프트웨어에 의해 조사하는 방법

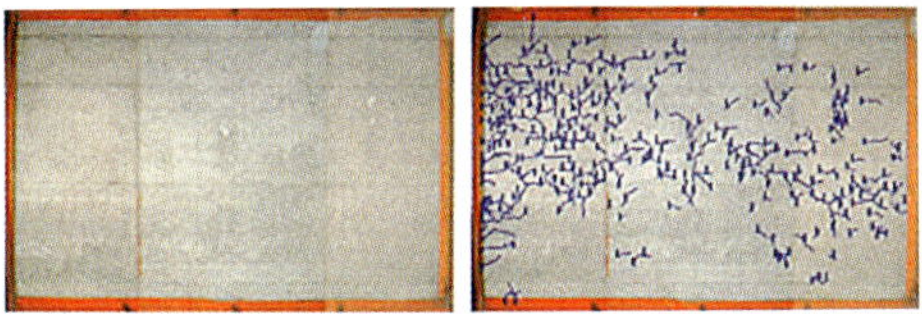

소프트웨어에 의한 합성화상(왼쪽)과 손상 부위의 trace(오른쪽) ((주) 니콘HP)

2. 균열의 거동계측

균열폭의 시간경과에 따른 변동을 계측할 때에는 균열 양쪽에 표점을 맞추어 정기적으로 표점의 간격을 전용 게이지로 계측하는 콘택트 게이지법과 균열 사이에 스트레인 게이지를 설치하여 게이지의 strain 변동으로 균열폭을 계측하는 스트레인 게이지법 등이 있다.

3. 균열 깊이의 비파괴에 의한 계측

코어채취에 의해 균열깊이를 직접 확인하는 방법은 채취 흔적의 보수가 필요하기 때문에 초음파탐상법 등에 의한 비파괴로 계측하는 경우도 있다.

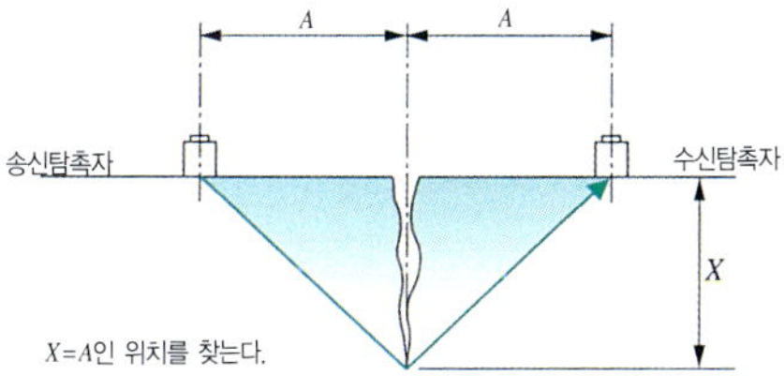

균열 깊이의 측정

❖ 시험 · 조사 포인트

- ☞ 균열은 발생원인에 따라 형상 패턴이 다르기 때문에 조사시에는 반드시 원인을 찾을 것 → p.18~19 참조
- ☞ 균열된 부분에서 누수가 발생하지 않았는지도 확인할 것
- ☞ 마감재가 있는 경우에는 부분적으로 제거한 다음에 할 것
- ☞ 균열이 부재를 관통하고 있지 않은지 반대쪽에서도 상태를 확인할 것

콘크리트의 균열

2 평가 · 판정방법

판 정

열화에 의한 균열 정도는 3단계로 구분되며, 보강 여부는 열화도에 따라 다음 표를 참고로 판단한다.

열화도의 구분 판정기준

구 분	구분기준(균열폭)		구조전문가의 판단	보수 · 보강의 판단
	실외	실내		
Ⅰ(없음)	0.05mm 미만	0.2mm 미만	불필요	불필요
Ⅱ(중간)	0.05~0.5mm	0.2~1.0mm	필요에 따라	필요
Ⅲ(심함)	0.5mm 이상	1.0mm 이상	필요	필요

참 고

1. 기둥의 균열형상과 원인[3)]

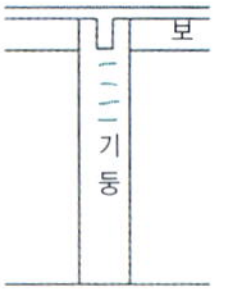

① 철근 부식에 의한 균열(1)
피복두께 부족이 원인이며, 띠철근을 따라 균열되어 박리가 발생한 경우

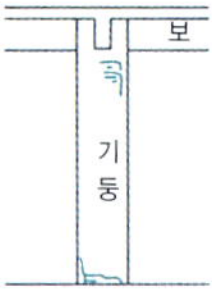

② 철근 부식에 의한 균열(2)
주두부와 주각부에서 철근이 한쪽으로 치우쳐져 피복두께가 부족하여 균열 · 박리가 발생한 경우

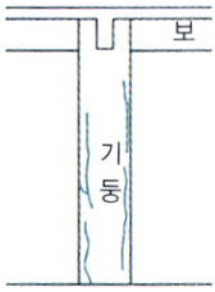

③ 철근 부식에 의한 균열(3)
콘크리트 내에 염화물이 다량 포함되어 있으며, 주근을 따라 균열이 발생한 경우

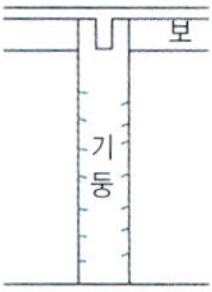

④ 건조수축균열
기둥 모서리에 가로로 균열이 발생한 예

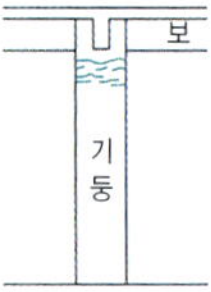

⑤ 휨균열
지진시 주두 부분에 휨균열이 발생한 예

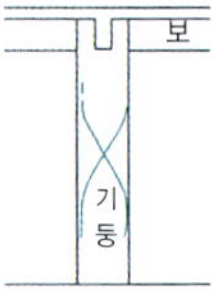

⑥ 전단균열
지진시 경사방향으로 전단균열과 주근을 따라 부착균열이 발생한 예

2. 보의 균열형상과 원인[4)]

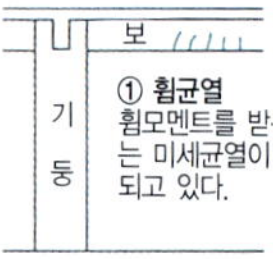

① 휨균열
휨모멘트를 받는 보는 미세균열이 허용되고 있다.

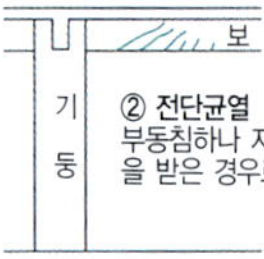

② 전단균열
부동침하나 지진시에 전단력을 받은 경우로 경사진 균열

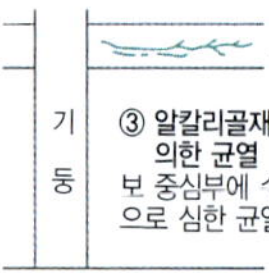

③ 알칼리골재반응에 의한 균열
보 중심부에 수평방향으로 심한 균열 발생

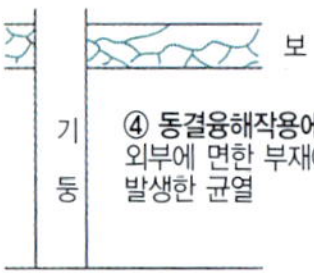

④ 동결융해작용에 의한 균열
외부에 면한 부재에 거북등처럼 발생한 균열

3. 벽의 균열형상과 원인[5)]

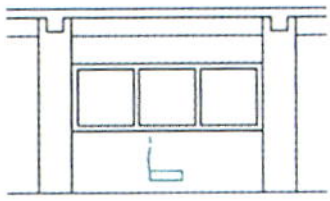

① 건조수축균열(1)
개구부가 있는 벽에는 수직방향의 균열이 생기기 쉽다.

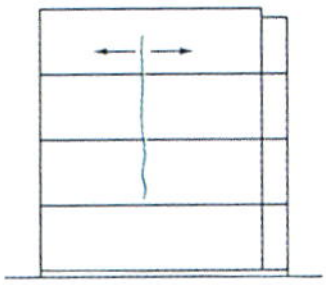

② 건조수축균열(2)
큰 벽에서는 건조수축에 의해 세로로 인장균열이 생긴다.

③ 부동침하에 의한 균열
큰 벽에서는 부동침하에 의해 팔(八)자를 거꾸로 한 것과 같은 모습의 균열이 생긴다.

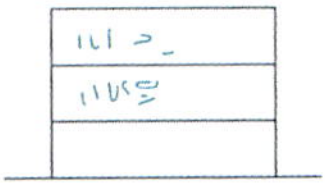

④ 철근부식에 의한 균열
철근부식에 의한 균열은 피복두께가 작은 곳에서는 콘크리트가 박리되어 철근이 노출되는 경우가 많다.

4. 슬래브의 균열형상과 원인[6)]

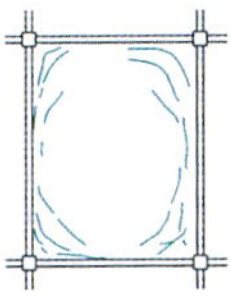

① 큰 휨에 의한 슬래브의 휨균열(1)
윗면에서 보에 접하는 면에 따라 원호상으로 균열이 발생

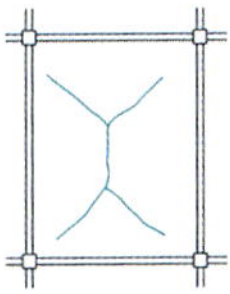

② 큰 휨에 의한 슬래브의 휨균열(2)
아랫면에서는 대각선상으로 균열이 발생

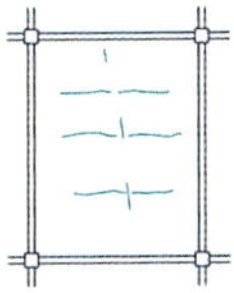

③ 슬래브의 건조수축에 의한 균열
건조수축균열은 단변방향과 평행방향으로 생긴다.

5. 파라펫 주위의 균열형상과 원인[7)]

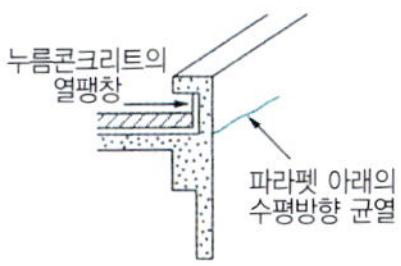

① 누름콘크리트의 열팽창에 의한 균열

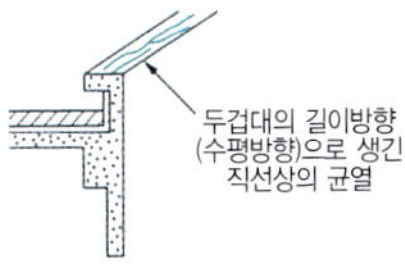

② 동해에 의한 균열

❖ 평가 · 판정 포인트

☞ 균열의 발생원인이 과대하중 등과 같은 구조적 요인에 의한 것인지, 콘크리트 수축 등과 같은 재료의 특성에 의한 것인지 확인할 것.

☞ 구조상에 문제가 있는 경우에는 균열폭의 크기에 상관없이 구조담당자 또는 전문가의 판단을 따르는 것이 바람직하다.

바닥의 처짐

1 시험 · 조사방법

사례 3 바닥이 휘어 문과의 틈새가 넓어짐

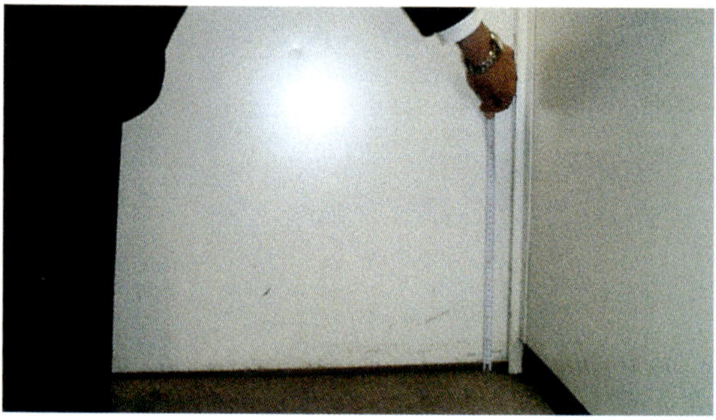

목 적

건물의 바닥슬래브와 기둥, 보 또는 건물 전체의 변형상태를 정확히 파악함으로써 종합적인 구조진단 자료를 얻는 것이 목적이다.

방 법

확인사항

① 구조형식 ② 용도변경 이력

조사기구

① 레벨 ② 트랜싯 ③ 수평줄 ④ 경사계 ⑤ 다림추
⑥ 스터프(1mm까지 계측할 수 있는 것) ⑦ 스케일

조사부위 선정

진동으로 인해 장해가 있는 곳과 창호의 뒤틀림(변형) 등 건물 사용시 불편함이 있고 바닥의 균열이나 큰 처짐이 의심되는 부분. 필요에 따라 열화가 확인되지 않은 곳에 대해서도 조사한다.

조사순서

① 조사부위의 표면상태(균열 발생상황)를 기록하고 사진으로 촬영한다.
② 기둥 주위의 큰 보 위의 기준점(◎) 및 작은 보의 배치에 따라 정해지는 측정점을(○) 바닥면에 초크 등으로 표시한다.
③ 레벨과 스터프를 사용하여 기준점 및 측정점의 높이를 측정하여 기록한다.
④ 조사상황을 사진으로 촬영한다.

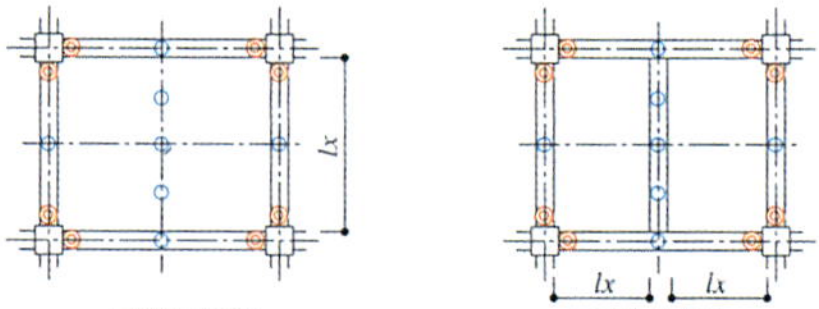

□자형 슬래브　　日자형 슬래브

바닥 처짐의 측정점

바닥슬래브 및 보의 변형 측정

① 큰 보, 작은 보, 슬래브 위에 측정선을 그리고, 기둥 위치의 기준점으로부터의 변위분포를 측정한다.

② 처짐의 분포로부터 부재(큰 보, 작은 보, 바닥슬래브) 각각의 변형량을 산출한다.

참 고

1. 조사결과

조사보고서에는 균열상황, 휨 측정치, 스팬(lx)을 기입한 바닥 평면도를 첨부한다.

2. 조사결과 기입 예

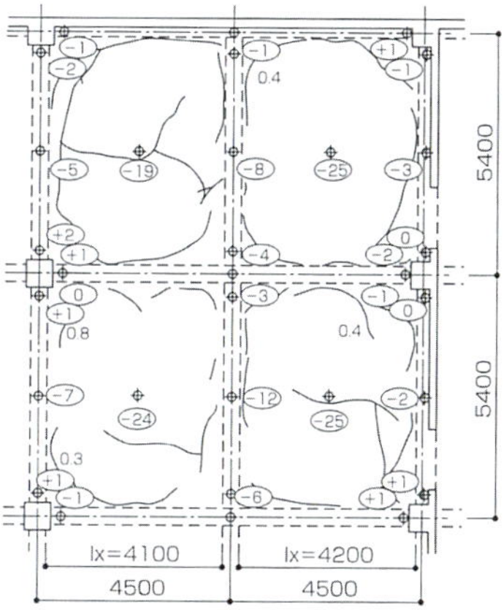

3. 바닥슬래브의 균열패턴 예

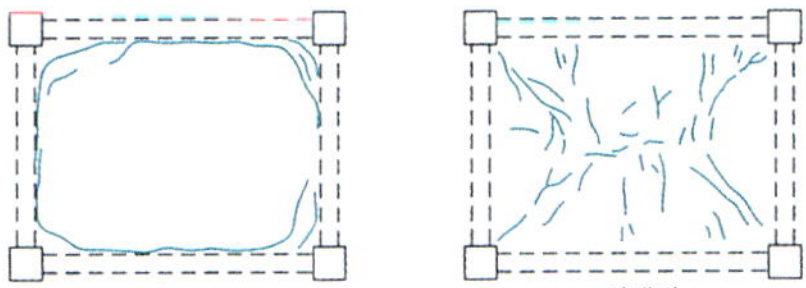

윗면　　　　아랫면

❖ 시험 · 조사 포인트

- ☞ 부재 각각의 변형량에서 처짐의 지배성분(큰 보, 작은 보, 바닥슬래브)을 아는 것이 중요하다.
- ☞ 바닥의 과대 처짐 현상은 강성 부족으로 바닥진동을 수반하는 경우가 많다.
- ☞ 윗면(바닥면)뿐만 아니라 아랫면(반자속)도 조사하는 것이 바람직하다.
- ☞ 바닥의 처짐 현상은 건물 전체의 부동침하에 의한 경우가 있다.

2 평가 · 판정방법

평 가

1. 열화도의 구분

열화도는 처짐-스팬비에 의해 4단계로 구분한다.

열화도의 구분 판정기준[8)]

열화도의 구분	구분기준 (처짐-스팬비)	구조전문가의 판단	보수 · 보강 여부
Ⅰ(없음)	1/300 미만	불필요	불필요
Ⅱ(가벼운 편)	1/300~1/200	불필요	필요
Ⅲ(중간)	1/200~1/100	필요에 따라	필요
Ⅳ(심함)	1/100 이상	필요	필요

2. 처짐-스팬비

처짐-스팬비는 다음 식에 따른다.

처짐-스팬비 = δ / L

δ : 해당하는 바닥의 기준레벨에 대한 최대 처짐량(mm)

L : 최대 처짐이 발생하는 슬래브의 단변유효스팬(mm)

주변고정슬래브의 경우 $L = lx$

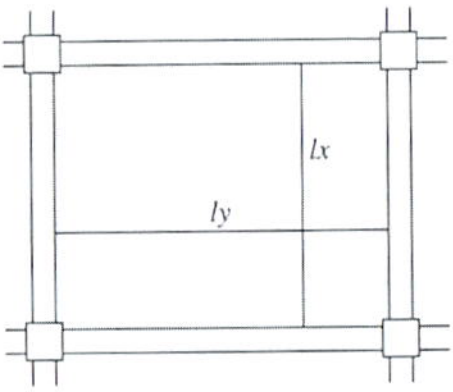

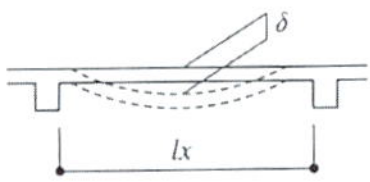

주변고정슬래브의 처짐

참 고

1. 작은 보가 있는 바닥슬래브의 경우

설계시 '철근콘크리트구조계산규준'(일본건축학회)에서는 처짐에 의한 장해를 방지하기 위해서 장기처짐을 작은 보 스팬의 중앙과 기둥 중심 거리의 2배를 L로 하고 그 1/400 정도 이하로 할 필요가 있다고 기재되어 있다.

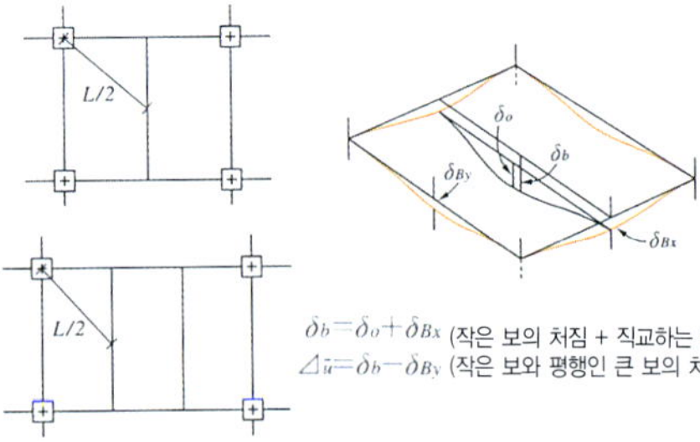

$\delta_b = \delta_o + \delta_{Bx}$ (작은 보의 처짐 + 직교하는 큰 보의 처짐)

$\Delta_u = \delta_b - \delta_{By}$ (작은 보와 평행인 큰 보의 처짐 차이)

작은 보가 붙은 바닥슬래브의 처짐[9)]

2. 콘크리트의 마감평탄도 표준치

바닥 처짐과 달리 마감 차이에 의한 평탄도의 기준이 JASS 5(일본건축학회)에 제시되어 있다.

마감 차이에 의한 평탄도의 표준치[10)]

콘크리트의 내외장 마감	평탄도(요철의 차이)(mm)	비 고	
		기둥 · 벽의 경우	바닥의 경우
제치장콘크리트의 경우 또는 마감두께가 극히 얇은 경우, 그 외 양호한 표면상태가 필요한 경우	3m당 7 이하	제치장콘크리트 직접도장 수평직접도장	수지칠 바닥 내마모바닥 쇠흙손마감 바닥
마감두께가 7mm 미만인 경우, 그 외 매우 양호한 평탄도가 필요한 경우	3m당 10 이하	직접 뿜어붙이기 타일 압착	타일직접붙임 카펫붙임 직접방수
마감두께가 7mm 이상인 경우 또는 바탕의 영향을 별로 받지 않는 경우	1m당 10 이하	도장 띠장 바탕	칠바닥 이중바닥

3. 보수 · 개수공법

열화도에 따른 보수 · 개수공법의 예를 다음 표에 나타낸다.

열화도별 보수 · 개수공법

보수 · 개수공법		열화도
공법 구분	공법 내용	
덧치기공법	마감층을 제외하고 오목한 부위에 모르타르나 콩자갈 콘크리트를 덧쳐서 수평이 되게 한다.	Ⅱ~Ⅳ
잭업주입공법	부재를 잭업하여 수평을 유지시키고 균열에 에폭시수지 접착제를 주입한다.	Ⅱ(가벼운편)
보강공법	① 바닥재 단부에 철근 또는 강재를 붙인다. ② 바닥재 아랫면에 강재를 붙인다. ③ 보의 측면과 바닥에 강재를 붙인다.	Ⅲ(중간)
증설공법	① 철골로 작은 보를 만든다. ② 보 아래에 사이기둥 또는 벽을 만든다. ③ 기둥 사이에 측벽을 만든다.	Ⅲ(중간)
교환공법	부재를 교환한다.	Ⅳ(심함)

❖ 평가 · 판정 포인트

☞ 바닥슬래브의 구조진단은 콘크리트 강도와 신농소사 결과 등에 의해 종합적으로 판단할 것

☞ 큰 보, 작은 보에 휨이 발생한 경우에는 부재 각각의 처짐량을 계측하여 구조전문가와 상담할 것

☞ 대상 바닥의 사용목적(정밀환경 등)에 따라 엄격한 수치를 요하는 경우가 있다. 그런 경우에는 열화도로 판단하지 말고 각각의 정밀도 기준에 따르도록 한다.

콘크리트의 중성화

1 시험 · 조사방법

사례 4 건물 외벽의 균열된 부분에서 녹물이 스며나옴

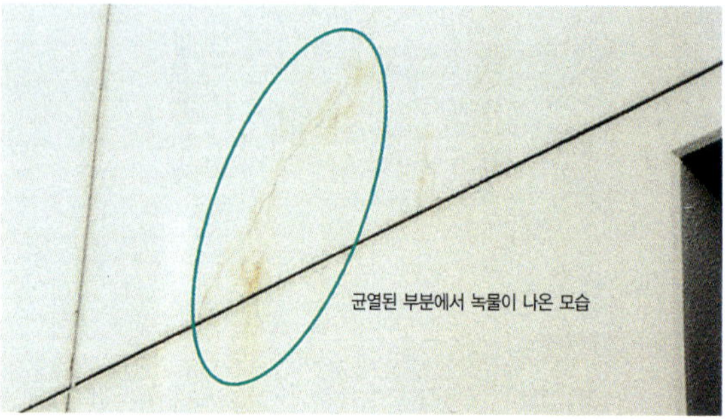

목 적

콘크리트의 중성화 정도를 정량적으로 파악함으로써 콘크리트의 종합적인 열화상태 및 열화 예측자료를 얻는 것이 목적이다.

방 법

1. 따내기법

조사기구

① 따내기용 끌, 따내기용 햄머 또는 전동 피크
② 스포이드, 블로어(blower), 에어 건(air gun), 전기청소기 등
③ 1% 페놀프탈레인용액 *1), 스프레이
④ 버니어 캘리퍼스, 스케일, 크랙 스케일

조사부위 선정

중성화 깊이를 조사할 곳의 수는 열화 증상이 관찰되는 부분 및 환경이나 마감 등의 조건별로 각각 3점 이상으로 한다.

조사순서

① 측정할 곳을 따내기 전에 표면 상황을 기록하고 사진으로 촬영해둔다.
② 측정할 곳의 콘크리트 표면을 크기 10×10cm, 깊이 5cm로 잘라낸다.
③ 따낼 부위에 부착된 콘크리트 분말을 완전히 제거한다.
④ 따낼 부위에 스프레이로 시약(1% 페놀프탈레인용액)을 분무한다.
⑤ 콘크리트 표면에서 붉은색으로 변화된 부분까지의 거리를 측정한다.

중성화 깊이의 측정

⑥ 측정 직후에는 측정한 곳을 사진촬영한다.
⑦ 따낸 후의 자국은 내구성 있는 재료(수지모르타르 등)로 보수한다.

*1) 중성화 측정은 콘크리트 코어채취 또는 따낸 부분에 페놀프탈레인용액(1% 에탄올용액 : JIS K 8006)을 묻혀 색이 어떻게 변하는지에 따라 판정한다. pH 8.2~10.0 이상인 알칼리측에서 붉은 색으로 변하며, 중성인 경우는 무색이 되는 것을 이용한다.

2. 코어채취법

콘크리트 압축강도시험을 병용할 경우에는 JIS A 1107(KS F 2422)에 준하며, 중성화시험 목적으로 코어채취를 할 경우에 코어의 길이는 철근의 피복두께 정도가 적절하다. 코어채취 후에는 표면을 물로 충분히 씻어내고 시험 전까지 비닐 등으로 밀봉양생해 둔다.

코어채취 상황

코어채취에 의한 중성화 측정

참 고

1. 드릴법

따내기나 코어채취 등의 시험은 실시 후 보수가 필요하기 때문에 이를 대신할 시험방법으로 드릴법이 있다. 이 시험방법은 직경 10mm의 전동드릴로 콘크리트면에 천천히 구멍을 뚫어 떨어지는 가루를 페놀프탈레인 1% 용액이 함유된 종이에 남김없이 받는다. 이들 가루의 변색 상태로 중성화를 판정하는 것이다.

드릴법에 의한 중성화 측정

2. 그 외의 방법

벽두께 방향으로 뚫은 구멍(직경 10mm 정도) 내부를 눈금이 있는 내시경으로 관찰하면 콘크리트의 중성화상태를 정확히 파악할 수 있다.

❖ 시험 · 조사 포인트

☞ 콘크리트의 중성화는 강알칼리성인 콘크리트 내의 수산화칼슘이 공기 중의 탄산가스에 의해 중성인 탄산칼슘으로 되는 현상을 말한다.

☞ 코어 측면은 보링시의 마찰에 의한 조성 변화와 수분에 의한 영향을 받을 수 있으므로 코어공시체를 쪼개서 쪼갠 면을 중성화 시험 대상으로 하는 것이 일반적이다.

2 평가 · 판정방법

평 가

중성화에 의한 열화도 구분은 다음의 표 '중성화 깊이 측정치에 의한 구분' 및 '중성화 속도에 의한 구분'을 조합시켜 '열화도 구분'에 기재한 3단계로 구분한다.

중성화 깊이 측정치에 의한 구분[11]

측정치에 의한 구분	구분 기준(중성화 깊이 mm)	
	실외 · 흙에 접하는 부분	실 내
A1	측정치 < 0.5D	측정치 < 0.7D
A2	0.5D ≦ 측정치 < D	0.7D ≦ 측정치 < D + 20
A3	D ≦ 측정치	D + 20 ≦ 측정치

D : 설계피복두께의 최소치(설계도에 표시되어 있지 않은 경우는 JASS 5에 의함)

중성화 속도에 의한 구분[12]

중성화 속도에 의한 구분	구분 기준(중성화 깊이)
B1	측정치 < 0.5 × 계산치
B2	0.5 × 계산치 ≦ 측정치 < 1.5 × 계산치
B3	1.5 × 계산치 ≦ 측정치

계산치 : 기존 식을 이용하여 계산한 값

열화도의 구분[13]

열화도의 구분	구분 기준
I (가벼운 편)	A1 또는 B1, A1 또는 B2, A2 또는 B1
II(중 간)	A1 또는 B3, A2 또는 B2
III(심 함)	A2 또는 B3, A3 또는 B1, A3 또는 B2, A3 또는 B3

판 정

보수의 여부는 열화도에 따라 다음 표를 참고로 하여 판정한다.

보수 여부의 판정기준[14]

열화도	보수 여부
I (가벼운 편)	불필요
II(중 간)	불필요
III(심 함)	필요

참 고

1. 보수의 공법

① 표면 보호, 결함부 보수 등을 하여 중성화를 지연시키는 방법

② 침투성 알칼리용액을 도포하여 콘크리트의 알칼리성 회복을 기대하는 방법

③ 중성화된 콘크리트를 중성화되지 않은 것으로 교환하는 방법

④ 철근에 방청처리를 하는 방법

2. 중성화 속도의 계산식

중성화 속도(깊이)의 계산치는 다음 식에 의해 구한다.

$$X = \alpha \times \beta \times \gamma\sqrt{t}$$

X : 중성화 깊이(cm)

t : 경과년수(년)

α : 환경조건계수(아래의 표 참조)

β : 마감재료계수(아래의 표 참조)

γ : 콘크리트의 종류와 물시멘트비에 의한 품질계수

물시멘트비 $w \geqq 0.6$인 경우

$$\gamma = R \times (w - 0.25)/\sqrt{0.3 \times (1.15 + 3w)}$$

물시멘트비 $w < 0.6$인 경우

$$\gamma = 0.37 \times (4.6w - 1.76) \times R$$

단, R은 콘크리트의 종류별 중성화비율로 다음 표의 값으로 한다.

콘크리트의 종류별 중성화비율(R)

골재 / 화학혼화제 / 시멘트	강모래 · 강자갈		
	없음	AE제	AE감수제
보통포틀랜드시멘트	1.0	0.6	0.4
조강포틀랜드시멘트	0.6	0.4	0.2
고로시멘트(슬래그 30~40%)	1.4	0.8	0.6
고로시멘트(슬래그 60% 전후)	2.2	1.3	0.9
실리카시멘트	1.7	1.0	0.7
플라이애시 시멘트(플라이애시 20%)	1.9	1.1	0.8

환경조건계수(α)와 마감재료계수(β)

α		β				
실내	실외	마감 없음	도장	모르타르		타일
				15mm 이상	15mm 미만	
1.7	1.0	1.0	2.5	5.0	2.5	8.0

❖ 평가 · 판정 포인트

☞ 중성화의 보수에 관해서는 내 · 외부의 전체 상황을 종합적으로 판단할 것.

☞ 중성화의 진행 정도에 관계없이 철근의 부식이 확인될 경우에는 철근부식 및 이에 대한 보수 여부를 검토할 것.

철근의 부식

1 시험 · 조사방법

사례 5 부식된 철근이 팽창하여 콘크리트가 박락됨

목 적

골조 내부의 철근 부식상태를 파악함으로써 건물의 종합적인 구조진단 자료를 얻는 것이 목적이다.

방 법

조사기구

① 철근탐사기(p.29 '참고 2' 참조) ② 따내기용 끌 ③ 햄머 ④ 전동피크 ⑤ 버니어 캘리퍼스 ⑥ 스케일 ⑦ 크랙 스케일 등

조사부위 선정

철근부식 조사부위는 외부에서 열화증상이 관찰되는 부분은 물론 조사대상 건물의 대표적인 환경과 마감 등의 조건별로 각각 5점 이상으로 한다.

조사순서

① 도면 및 철근탐사기 등에 의해 철근 위치를 추정하여 측정 부위를 선정한다.
② 측정부위를 따내기 전에 표면상태를 기록하고 사진으로 촬영해 둔다.
③ 마감재를 철거(10×10mm 정도)해내고 열화상황 및 표면상태를 기록한다.
④ 콘크리트를 따내고 철근 표면의 콘크리트를 완전히 제거한다(안쪽으로 3cm).
⑤ 철근 표면을 관찰하여 육안으로 등급을 분류한다(p.29 표 참조).
⑥ 철근의 종류, 지름, 피복두께, 방향을 측정하여 기록한다.
⑦ 측정 부위의 사진촬영(측정대상 부재, 측정 번호, 단면 개요 스케치)
⑧ 떼어낸 자국을 보수(수지모르타르 등의 내구성 있는 것)한다.

철근의 부식 정도

철근의 부식 정도는 각 철근(선정한 부위별로 5곳 이상 샘플링한 철근)에 대해 다음 표에 나타낸 등급에 따라 4단계로 구분하여 등급별로의 평점을 매길 수 있다.

등급 Ⅰ과 Ⅱ의 상태는 철근과 콘크리트의 일체화가 확보되어 있지만, 등급 Ⅲ 이상이 되면 녹에 의한 콘크리트의 영향(균열, 박리)이 생기기 때문에 등급 Ⅲ, Ⅳ는 유해한 부식으로 판정된다.

철근부식의 등급과 녹 평점[15)]

등 급		녹 평점	철근의 상태
Ⅰ		0	흑피 상태이거나, 녹은 있지만 전체적으로 얇고 치밀한 녹이며 콘크리트면에 녹이 부착되어 있지는 않다.
Ⅱ		1	부분적으로 뜬녹이 있지만, 면적이 작고 반점 모양이다.
Ⅲ		3	육안 관찰로는 단면결손이 확인되지 않지만 철근의 전체 둘레 또는 전체 길이에 뜬 녹이 생겼다.
Ⅳ		6	단면 결손이 있다.

참 고

1. 비파괴검사(자연전위법)

철근이 부식되면서 변하는 철근 표면의 전위로 강재의 부식을 진단하는 방법이며, 전위 측정에는 조합전극과 전위차계를 사용한다.

이 방법은 콘크리트가 충분히 습한 경우에만 확실한 전위수치를 얻을 수 있으며, 콘크리트 표면이 건조하여 절연체에 가까운 경우나 콘크리트 표면에 도장 등의 절연재료가 피복되어 있는 경우에는 적용할 수 없는 결점이 있다.

2. 철근탐사기

콘크리트 내부의 철근 위치는 다음의 사진과 같이 RC 레이더로 탐사할 수 있다.

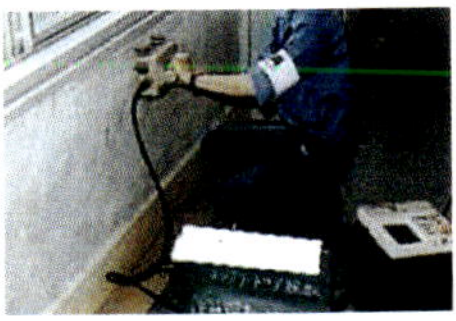

철근탐사기에 의한 철근 위치의 확인

❖ 시험 · 조사 포인트

☞ 철근을 따내는 위치는 구조적으로 영향을 받지 않는 부분으로 한다.

☞ 조사 부위는 ① 온도 · 습도의 차, ② CO_2, SO_2 등의 가스농도의 차, ③ 시공시기 · 시공공구의 차, ④ 방위의 차(해안지역 및 도로 부근 등)를 고려하여 선정할 것

2 평가 · 판정방법

평 가

진단결과 정리

조사대상 건물에서 열화가 심한 부위와 환경조건, 마감 등의 조건별로 선정한 부위에서 샘플링 부위(5곳 이상)마다 매긴 녹 평점을 바탕으로, 다음 식에 의해 선정 부위 각각의 평균 녹 평점(α)을 구한다.

$$\alpha = \frac{\sum_{i=\mathrm{I}}^{i=\mathrm{IV}} \alpha_i n_i}{\sum_{i=\mathrm{I}}^{i=\mathrm{IV}} n_i}$$

α_i : 등급 i의 녹 평점(1~6점)
n_i : 등급 i의 철근 수

선정부위별로 산출한 평균 녹 평점(α)을 다음 표의 구분에 따라 분류하여 선정부위의 열화도로 한다.

선정 부위의 평균 녹 평점과 열화도[16]

평균 녹 평점(α)	열화도
0 ≦ α < 1	Ⅰ(거의 없음)
1 ≦ α < 3	Ⅱ(가벼운 편)
3 ≦ α < 4.5	Ⅲ(중간)
4.5 ≦ α < 6	Ⅳ(심함)

판 정

진단결과 판정

열화도 Ⅰ : 철근은 건재함

열화도 Ⅱ : 약간의 녹이 발생된 정도

열화도 Ⅲ : 철근 전면에 녹이 있으며, 콘크리트에 균열이 발생할 우려가 있는 상태

열화도 Ⅳ: 대부분의 철근이 부식되어 단면 결손이 있고, 콘크리트에 균열 · 박리가 발생한 상태이며 구조내력상으로도 좋지 않은 영향이 있을 것으로 예상된다.

※ 열화도 Ⅲ, Ⅳ로 판정되었을 경우에는 보수 · 보강을 요하는 것으로 판단된다. 특히 열화도 Ⅳ로 판정되었을 경우에는 구조내력상으로 좋지 않은 영향이 예상되므로 구조기술자에게 보강 여부를 판정받는 것이 필요한 경우도 있다.

벽 철근의 부식 진단

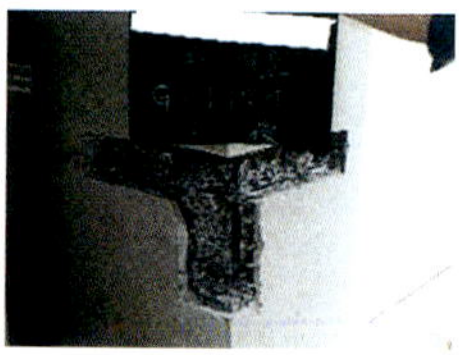
기둥 철근의 부식 진단

참 고

보수 · 보강공법

철근의 부식 열화도에서 Ⅲ, Ⅳ로 판정되었을 경우에는 부식 등급에 따라 다음 표에 나타낸 보수 · 보강공법을 적용한다.

철근의 부식 등급별 보수 · 보강공법

보수 목적	보수 · 교환공법		적용할 열화상태
	공법 구분	공법 내용	
내구성회복	도포함침공법	침투성이 좋은 알칼리용액을 도포하여 콘크리트의 중성화를 억제하고 철근부식의 진행을 방지한다.	철근부식 등급 (Ⅰ~Ⅱ)
	표면처리공법	철근부식의 원인이 된 열화부위 또는 부재 전면을 도포, 뿜칠, 라이닝, 방수, 미장, 붙임 등의 방법으로 피복하고 기밀성, 수밀성을 확보하여 철근부식의 진행을 억제한다.	
	충전공법	철근부식의 원인이 된 열화부위 또는 부재 전체에 폴리머시멘트, 수지모르타르 등을 충전해 기밀성, 수밀성을 확보하여 철근부식의 진행을 억제한다.	
	주입공법	철근부식의 원인이 된 열화부위에 수지계 접착제를 주입해 기밀성, 수밀성을 확보하여 철근부식의 진행을 억제한다.	
	덧치기	철근부식의 원인이 된 열화부위 또는 부재 전면을 콘크리트로 피복해 기밀성, 수밀성을 확보하여 철근부식의 진행을 억제한다.	철근부식 등급 (Ⅲ)
	철근의 건전화	철근을 떼어내 철근의 녹을 제거하고 방청처리, 철근의 증가, 철근교환 등을 한다. 떼어낸 부위는 모르타르, 콘크리트로 충전하고 덧치기를 한다.	철근부식 등급 (Ⅲ~Ⅳ)
구조성능회복	부재보강공법	① 강판, FRP 등의 보강재를 접착제로 접착하여 부재의 강성, 내력을 회복시킨다. ② 배근을 하고 모르타르, 콘크리트의 덧치기를 하여 부재의 강성, 내력을 회복시킨다.	철근부식 등급 (Ⅳ 또는 철근부식에 의한 콘크리트의 균열 발생, 단면결손 등에 의해 구조내력이 부족하다고 판단되는 경우)
	보강부재 증설	부재의 강성, 내력 저하를 작은 보, 지주, 측벽 등의 증설에 의해 한다.	
	부재의 교환공법	강성, 내력이 저하된 부재를 새로 튼튼한 부재로 교환한다.	

❖ 평가 · 판정 포인트

☞ 열화도의 구분이 Ⅰ 또는 Ⅱ인 경우에도 철근부식에 의한 피복콘크리트의 박락이나 오염이 생긴 부분에 대해서는 보수할 필요가 있다.

4장 방수진단
아스팔트 방수

1 시험 · 조사방법

사례 6 옥상방수층에 부풀음 · 주름 · 균열이 발견됨

목 적

방수층의 열화 정도를 진단하여 그 건물의 적절한 보수와 유지관리를 위한 판단자료를 얻는 것이 목적이다.

방 법

1. 진단과정

① 면담조사(청취조사)

건물 사용자(또는 건물관리자)에게 누수 유무 또는 누수 상황에 대해 자세히 듣고 해당 부위를 육안 관찰로 조사한다. 특히 최상층 반자 및 외벽쪽 내장에 누수 또는 누수 흔적이 없는지 조사한다.

☞ 누수가 있는 경우의 청취조사/청취 항목은 p.35의 '참고'를 참조한다.

② 육안조사

옥상방수층 전면의 열화상태를 파악하는 것이 목적이다. 조사는 주로 육안으로 하며, 열화 부분의 크기를 측정함과 동시에 발생 부위를 도면에 기입한다.

③ 재료시험

방수층 구성재의 열화상태를 조사하는 것이 목적이다. 조사는 평균적인 열화부분과 열화가 심한 부분에 대해 각각 2곳 이상에서 방수층을 채취하고 인장강도 등을 조사한다. 정량적인 판단이 필요한 경우에 실시한다.

2. 조사기구

① 스케일 ② 크랙 스케일

3. 조사순서

① 부위 · 부재마다 열화가 심한 곳의 치수(깊이 · 높이 · 면적 · 크기 등)를 육안 및 스케일로 측정하여 해당 개소를 도면에 기입한다.

② 열화가 심한 곳은 사진촬영을 해둔다.

4. 개별 진단방법과 데이터 정리

다음 표에 나타낸 항목에 대해서 부위(장소)별로 열화도, 열화개수, 열화치수 등을 조사하여 조사시트 등에 종합하여 정리한다. 보호층이 있는 아스팔트방수에 대해서는 일부 보호층을 제거하여 아스팔트방수층의 상황을 관찰하거나 방수층 일부를 채취하여 재료시험에 의한 정량적인 열화 판단을 하는 경우도 있다.

보호층의 불량 사례

열화항목			진단방법
보호층	평탄부·치올림	균열	유무와 개략적 수량, 균열폭
		결손	유무와 개략적 수량, 크기, 범위
		들뜸	유무와 개략적 수량
		밀려올라감	유무와 개략적 수량
		타일 결손	박리, 들뜸의 유무와 개략적 수량
		블록 이동	깨짐, 손상의 유무와 개략적 수량
		우레탄 포장	마감 결손, 파단, 감모
		손상	치올림부의 도괴 유무와 개략적 수량
	신축줄눈	손상	압출, 결손의 유무와 개략적 수량
		식물	식물의 번식 유무와 정도
		관입	작은 돌 등의 이물질 관입 유무와 정도
노출방수층	평탄부	손상·파단	균열, 관통파단 개략적 수량
		부풀음·주름	개략적 수량, 크기
		접합부의 열화	박리, 구멍 뚫림의 유무와 개략적 수량
		표면의 열화	도장 감모, 모래 떨어짐 등의 유무와 정도
		식물	식물의 번식 유무와 정도
		퇴적물	이토, 낙엽 퇴적의 유무
		물고임	개략적 수량, 크기
	치올림	손상·파단·부풀음·주름·접합부 및 표면 열화는 평탄부와 동일	
		부풀어 오름, 어긋남	부풀어 오름, 어긋나 떨어짐의 유무와 개략적 수량
		모서리의 열화	들뜸 유무와 개략적 수량
		말단부의 박리	구멍 뚫림, 철물의 손상, 실링 끊김 유무와 개략적 수량
	역물주위	가대 주위	① 손상, 파단의 유무와 개략적 수량 ② 부풀어 오름·주름의 유무와 개략적 수량 ③ 모서리의 들뜸 유무와 개략적 수량 ④ 그 외 눈에 띄는 손상
		바닥 쪽문 주위	
		둥근고리, 난간 주위	

노출아스팔트방수의 주름

누름콘크리트의 파단

❖ 시험·조사 포인트

☞ 비온 후에 조사하면 누수와 배수상황, 물고임 등 방수상의 결함을 확인하기 쉽다.

☞ 보호층이 있는 경우에는 방수층의 열화상태를 알 수 없으므로 치올림 등의 노출부분과 드레인 주위, 신축줄눈의 상태 등을 확인한다.

아스팔트 방수

2 평가 · 판정방법

평 가

1. 보호공법의 열화진단기준

누름콘크리트 등의 보호층을 가진 아스팔트방수층에 대한 진단결과는 다음 표의 기준에 따라 열화도를 구분한다.

보호공법의 열화진단항목과 진단기준[17)]

보호층의 종류	진단항목	열화도		
		I	II	III
콘크리트	평탄부의 균열, 결손, 들뜸, 밀려올라감 등	균열 1mm 미만	균열 1~3mm 미만	균열 3mm 이상, 밀려올라감 등
	치올림부의 균열, 결손, 부풀음 등			균열 3mm 이상
	파라펫의 압출	외관상 이상 없음	있음 방수층은 양호한 상태	있음 방수층이 파단될 우려가 있음
	모르타르 두겁대, 물끊기 관련 마감, 단부의 균열, 실링 끊김, 결손 등	균열 0.5mm 미만	균열 0.5~1mm 미만	균열 1mm 이상, 실링 끊김
	신축줄눈 이상	외관상 이상 없음	압출, 두껍고 치밀함	탈락, 결손 있음
	식물의 번식		방수층까지 이르지 않음	방수층에 관입 있음
블록 자갈	이동, 깨짐, 결손 등		이동, 깨짐, 결손 있음 방수층은 양호한 상태	이동, 깨짐, 결손 있음 방수층 파단 우려 있음
우레탄 포장재	파단, 손상, 박리 등		파단, 손상, 박리 있음 방수층은 양호한 상태	파단, 손상, 박리 있음 방수층 파단 우려 있음

2. 노출 아스팔트방수층의 열화진단기준

노출아스팔트방수에 대한 진단결과를 다음 표의 기준에 따라 항목별로 열화도를 구분한다.

노출아스팔트방수층의 열화진단항목과 진단기준[18)]

진단항목		열화도		
		I	II	III
방수층의 파단, 손상		외관상 이상 없음	최상층의 파단	중간층까지 파단
방수층의 말단 박리			누름철물의 느슨함, 고무아스실재의 박리, 방수층 말단 주위의 부풀음	치올림부의 어긋남·쓰러짐, 누름철물의 탈락, 부착마감·드레인 주위의 박리
루핑접합부의 박리 · 구멍폭		20mm 미만	20~50mm 미만	50mm 이상
방수층 치올림 오목 모서리의 들뜸 높이		30mm 미만	30~50mm 미만	50mm 이상
방수층 표면의 열화	모래 떨어짐	40% 미만	40~80% 미만	80% 이상
	손상 · 마모	표면아스팔트층의 균열	표면층 바탕재의 노출	중간층 바탕재의 노출
방수층의 부풀음	1개소의 크기	1㎡ 미만	1~2㎡ 미만	2㎡ 이상
	전체 면적비	10% 미만	10~30% 미만	30% 이상

판 정 진단대상을 부위 · 부재별로 열화현상(진단항목)마다 열화도를 분류하여 보수 여부를 판정한다.

진단결과 판정 및 처치

열화도	판 정
Ⅰ	그 상태로 둔다. 단, 정기점검은 계속한다.
Ⅱ	그 상태로 방치 가능. 단, 빠른 시기에 재진단이 필요하다.
Ⅲ	개수하는 것을 전제로 한다. 단, 불량 항목 · 정도에 따른다.

열화도 Ⅲ으로 분류된 조사항목은 누수로 이어질 위험이 있는 상태로 판정되는데, 즉시 개수할 것인지의 여부는 열화도 Ⅲ의 항목수, 내용 및 정도, 과거의 수선결과, 경과년수 등의 제 조건을 고려하여 판단해야 한다.

또한 열화도 Ⅱ는 일단 그 상태로 방치하는데 빠른 시기에 재조사 · 진단을 해야 하며, 열화도 Ⅰ은 그 상태로 두지만 주기적으로 정기점검이 필요하다.

참 고 누수되고 있는 경우의 조사항목

누수조사 체크 시트(예)[19]

누수나 누수 흔적이 있는 경우의 상황	누수의 유무
① 누수 부위가 어느 곳인가 → 그림으로 나타낸다.	
② 어디서부터 누수되고 있는가 → 추정한다.	
③ 언제부터 누수되고 있는가?	
④ 비가 올 경우 어느 정도 경과한 후부터 누수가 시작되는가?	
⑤ 비가 그치면 어느 정도 경과한 후부터 누수가 그치는가?	
⑥ 누수의 양은 어느 정도인가?	
⑦ 누수와 바람의 방향이 관계 있는가?	
⑧ 누수와 바람의 강도가 관계 있는가?	
⑨ 누수의 피해상황과 정도는?	
⑩ 누수부위가 전에 열화진단되었던 곳인가?	
⑪ 누수부위가 전에 누수되었던 곳인가?	

❖ 평가 · 판정 포인트

☞ 누수나 누수흔적이 확인되었을 경우에는 진단결과에 관계없이 누수 방지를 위한 상세한 조사를 실시할 것.

☞ 시간이 지남에 따른 변화에 비해 열화 정도가 심한 경우는 재료시험을 하는 것이 바람직한데, 재료를 샘플링할 경우에는 보수를 확실히 할 것.

시트 · 도막방수

1 시험 · 조사방법

사례 7 옥상 시트방수층 여러 곳에서 부풀음이 발생함

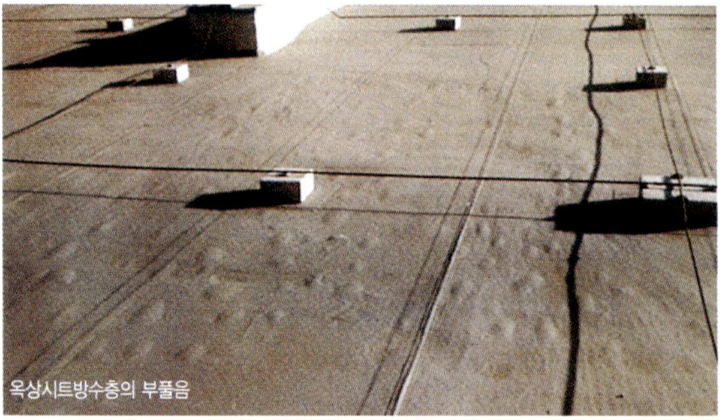

옥상시트방수층의 부풀음

목 적

지붕이나 차양에 시공된 시트방수층 및 우레탄도막방수층의 열화 정도를 조사 · 진단하고, 그 건물의 적절한 보수와 유지관리를 위한 판단자료를 얻는 것이 목적이다.

방 법

1. 진단과정

① 면담조사(청취조사)
건물 사용자(또는 건물관리자)에게 누수 유무 또는 누수 상황에 대해 자세히 듣고 해당 부위를 육안 관찰로 조사한다. 특히 최상층 반자 및 외벽쪽 내장에 누수 또는 누수 흔적이 없는지 조사한다.

☞ 누수가 있는 경우의 면담 조사항목은 p.35의 '참고'를 참조한다.

② 육안조사
옥상방수층 전면의 열화 상태를 파악하는 것이 목적이다. 조사는 주로 육안으로 하며, 열화 부분의 크기를 측정함과 동시에 발생 부위를 도면에 기입한다.

③ 재료시험
방수층 구성재의 열화상태를 조사하는 것이 목적이다. 조사는 평균적인 열화부분과 열화가 심한 부분에 대해 각각 2곳 이상에서 방수층을 채취하고 인장강도 등을 조사한다. 정량적인 판단이 필요한 경우에 실시한다.

2. 사용자 기재

① 스케일 ② 크랙 스케일 ③ 지붕평면도

3. 조사순서

① 부위 · 부재마다 열화가 심한 곳의 치수(깊이 · 높이 · 면적 · 크기 등)를 육안 및 스케일로 측정하여 해당 개소를 도면에 기입한다.
② 열화가 심한 곳은 사진촬영을 해둔다.

4. 개별 진단방법과 데이터 정리

다음 표에 나타낸 항목에 대해서 부위(장소)별로 열화도, 열화개수, 열화치수 등을 조사하여 조사시트 등에 종합하여 정리한다.

시트방수 · 도막방수의 열화항목과 진단방법

열화항목		진단방법	
평탄부	손상 · 파단	균열, 관통파단 개략적 수량	
	부풀음 · 주름	개략적 수량, 크기	
	접합부의 열화	박리, 구멍 뚫림의 유무와 개략적 수량	*
	표면의 열화	도장의 마모 손상 정도	
		도장의 초킹(chalking), 변퇴색의 정도	*
	퇴적물	흙, 낙엽 퇴적의 유무	
	물고임	개략적 수량, 크기	
치올림	손상 · 파단 · 부풀음 · 주름 · 접합부 및 표면 열화는 평탄부와 동일		
	방수층의 어긋남	어긋나 떨어짐, 부풀어 오름의 유무와 개략적 수량	*
	모서리의 열화	들뜸 유무와 개략적 수량	
	말단부의 박리	구멍 뚫림, 철물의 손상, 실링 끊김 유무와 개략적 수량	*
역물 주의	가대 주위	① 손상, 파단의 유무와 개략적 수량	
	바닥 쪽문 주위	② 부풀어 오름 · 주름의 유무와 개략적 수량	
	둥근고리, 나간주위	③ 모서리의 들뜸 유무와 개략적 수량	
		④ 그 외 눈에 띠는 손상	

주) *표시는 시트방수에만 해당하는 항목

도막방수층의 열화

도막방수층에 발생한 불균일한 물고임

❖ 시험 · 조사 포인트

☞ 비가 온 후에 조사를 하면 누수와 배수상황, 물고임 등 방수상의 결함을 확인하기 쉽다.

☞ 노출방수층의 파단, 구멍 뚫림 등의 열화현상은 직접 누수로 이어지는 경우가 많으므로 이같은 현상이 관찰되었을 경우에는 누수 유무를 반드시 조사할 것.

2 평가 · 판정방법

평 가

1. 시트방수의 열화진단기준

시트방수에 대한 진단결과를 다음 표의 기준에 따라 항목별로 열화도를 구분한다.

시트방수층의 열화진단항목과 진단기준

진단항목		열화도		
		I	II	III
방수층의 파단, 손상		외관상 이상 없음	–	방수층 균열
방수층의 말단 박리	치올림 말단부		누름철물의 느슨함, 말단 실(seal)재의 박리 · 들뜸	방수층 균열, 누름철물 탈락, 말단 실(seal)재의 파단 · 구멍 뚫림
	드레인 주위 등의 말단부		말단 실(seal)재의 박리 · 들뜸, 녹에 의한 들뜸	말단 실(seal)재의 파단 · 구멍 뚫림
시트접합부의 박리 · 구멍뚫림		5mm 미만	5~10mm 미만	10mm 이상
표면의 열화		도장의 변퇴색	도장의 마모 손상 및 백화	표면에 미세한 균열
방수층 치올림 오목모서리 부위의 들뜸 높이		20mm 미만	20~50mm 미만	50mm 이상
방수층의 부풀음	1개소의 크기(직경)	100mm 미만	100~500mm 미만	500mm 이상
	높이	50mm 미만	50~100mm 미만	100mm 이상
	전체 면적비	10% 미만	10~30% 미만	30% 이상
바탕과의 접착강도(N/mm^2)		0.1 이상	0.03~0.1	0.03 미만

2. 도막방수의 열화진단기준

도막방수에 대한 진단결과를 다음 표의 기준에 따라 항목별로 열화도를 구분한다.

도막방수층의 열화진단항목과 진단기준

진단항목		열화도		
		I	II	III
방수층의 파단, 손상		도장의 이상 없음	도장 균열	방수층 균열
방수층의 말단박리(안길이)		3mm 미만	3~10mm 미만	10mm 이상
방수층 치올림 부위의 들뜸 크기(mm)		50×100 미만	50×100~100×300	100×300 이상
방수층 표면의 열화		도장 변퇴색	도장 상실 30% 미만	도장 상실 30% 이상
방수층의 부풀음	1개소의 크기(직경)	50mm 미만	50~100mm 미만	100mm 이상
	개수($25m^2$당)	3개 미만	4~9개	10개 이상
바탕과의 접착강도(N/mm^2)		0.1 이상	0.03~0.1	0.03 미만

판 정

진단결과의 판정방법

진단대상을 부위 · 부재별로 열화현상마다 열화도를 분류하여 보수 여부를 판정한다.

진단결과 판정 및 처치

열화도	판 정
I	그 상태로 둔다. 단, 정기점검은 계속한다.
II	그 상태로 방치 가능. 단, 빠른 시기에 재진단이 필요하다.
III	개수하는 것을 전제로 한다. 단, 불량 항목 · 정도에 따른다.

열화도 III으로 분류된 조사항목은 누수로 이어질 위험이 있는 상태로 판정되는데, 즉시 개수할 것인지의 여부는 열화도 III의 항목수, 내용 및 정도, 과거의 수선결과, 경과년수 등의 제 조건을 고려하여 판단해야 한다.
또한 열화도 II는 일단 그 상태로 방치하는데 빠른 시기에 재조사 · 진단을 해야 하며, 열화도 I은 그 상태로 방치하지만 주기적으로 정기점검이 필요하다.

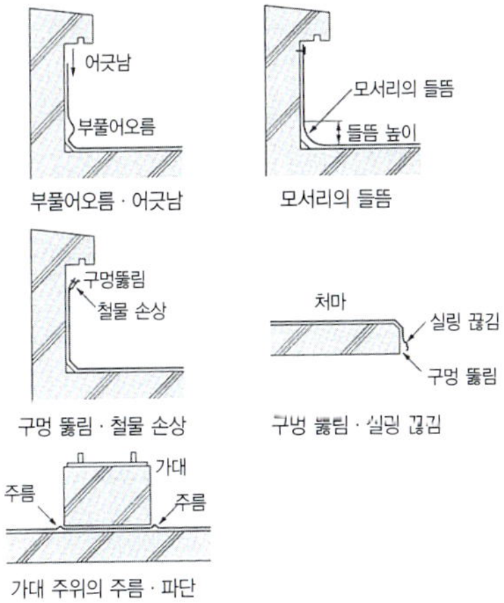

시트방수의 대표적인 열화현상

❖ 평가 · 판정 포인트

- 누수나 누수흔적이 확인되었을 경우에는 진단결과에 관계없이 누수 방지를 위한 상세조사를 실시할 것.
- 시간이 지남에 따른 변화에 비해 열화 정도가 심한 경우는 재료시험을 하는 것이 바람직한데, 재료를 샘플링할 경우에는 보수를 확실히 할 것.

1 시험 · 조사방법

사례 8 건물 외벽타일의 줄눈실링재가 파단되어 있음

목 적

외장 커튼월과 콘크리트 골조, 철물접합줄눈에 시공된 실링재에 관해 전반적으로 조사를 하여 실링재의 열화 정도를 진단하고 그 건축물의 적절한 보수와 유지관리를 위한 판단자료를 얻는 것이 목적이다.

방 법

진단대상

진단대상으로 할 실링 줄눈의 종류는 다음과 같다. 또한 실링재와 피착체의 종류 및 열화현상이 다른 경우가 많으므로 줄눈마다 진단할 것.

진단대상 부위와 줄눈실링의 종류

부 위	줄눈실링의 종류
유리	유리 주위, 유리의 맞댐부위
콘크리트구체	이어치기, 유발줄눈, 창호 주위, 돌 · 타일 주위, 벽식 프리캐스트 등
패널	ALC, 금속, 프리캐스트부재, 보드 등
커튼월	작은 기둥, 상인방
두겁대	금속두겁대, 프리캐스트두겁대

진단방법

진단은 1층 부분, 여닫이창, 옥상두겁대, 옥탑 등 접사다리나 사다리 등을 이용하여 쉽게 관찰할 수 있는 부위를 선정하고, 육안관찰이나 손가락으로 만져봐서 관찰한다. 재료의 열화 정도를 파악할 필요가 있는 경우는 재료시험을 실시한다.

사용기기

① 망원경 ② 스케일 ③ 크랙 스케일 ④ 주걱 ⑤ 커터

조사순서

① 조사할 부위, 부재를 결정한다.

② 부위, 부재마다 평균적인 곳과 열화가 심한 곳에 대해 각각 3곳 이상을 육안 · 손가락으로 관찰한다.

개별 진단방법과 데이터 정리

각 부위(장소)별로 조사표 등에 열화상황, 개수, 치수 등을 조사하여 조사시트 등에 종합해서 정리한다.

실링재의 진단항목과 진단방법

열화현상의 종류		진단방법
주름	*	육안으로 주름이 생겼는지 관찰한다.
변퇴색	*	육안으로 변퇴색을 관찰한다.
균열	*	육안으로 균열 유무를 관찰한다.
백화	*	손가락으로 만져봐서 백아화를 진단한다.
마감재의 들뜸, 변색		육안, 손가락으로 실링재에 시공된 마감재의 들뜸, 변색을 관찰한다.
누수 또는 누수흔적		육안으로 줄눈부 · 개구부 등의 누수 또는 누수흔적을 관찰한다.
박리		육안으로 박리를 관찰한다.
파단(구멍뚫림)		육안으로 파단상태와 누수 유무를 관찰한다.
피착체 파괴		육안으로 줄눈 주변의 피착체 파손을 관찰한다.
변형		육안으로 변형상태를 관찰한다.
연화		육안, 손가락으로 연화를 관찰한다.

주) *표시는 외관성을 중시하는 경우에만 고려한다.

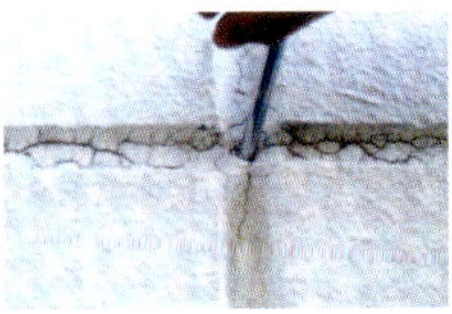

실링재의 균열

실링재에 의한 외벽 오염

❖ 시험 · 조사 포인트

☞ 전체를 모두 조사할 필요는 없지만 샘플수가 많을수록 진단의 정확도가 향상된다. 창, 베란다, 발코니, 계단실 주위 등을 이용하면 광범위한 관찰을 할 수 있다.

☞ 실링재는 주위 환경에 따라 열화조건이 다르므로 건물 주위의 환경을 확인할 것.

2 평가 · 판정방법

판 정

판정방법

진단대상 부위, 부재별로 진단항목마다 다음 표의 판단기준에 따라 열화도를 구하고 보수 여부를 판단한다.

진단항목과 열화도의 분류[20]

진단항목		열화도		
		I	II	III
판정항목	실링재 피복면의 박리	깊이의 1/4 미만 또는 깊이 2mm 미만	깊이의 1/4~1/2 또는 깊이 2~5mm 미만	깊이의 1/2 이상 또는 깊이 5mm 이상
	실링재 파단 (구멍 뚫림)	두께의 1/4 미만 또는 깊이 2mm 미만	두께의 1/4~1/2 또는 깊이 2~5mm 미만	두께의 1/2 이상 또는 깊이 5mm 이상
참고항목	피착체의 파손 (균열, 떨어진 홈)	0.1mm 미만	0.1~0.3mm 미만	균열폭 0.3mm 이상
	실링재의 변형	요철이 두께의 1/4 미만 또는 깊이 2mm 미만	요철이 두께의 1/4~1/2 미만 또는 깊이 2~5mm 미만	요철이 두께의 1/2 이상 또는 깊이 5mm 이상
	실링재의 연화(軟化)	손가락 끝에 약간 붙음	손가락 끝에 꽤 붙음	손가락 끝에 매우 많이 붙음

열화도의 구분에 따라 다음과 같은 흐름으로 보수 여부를 판정한다.

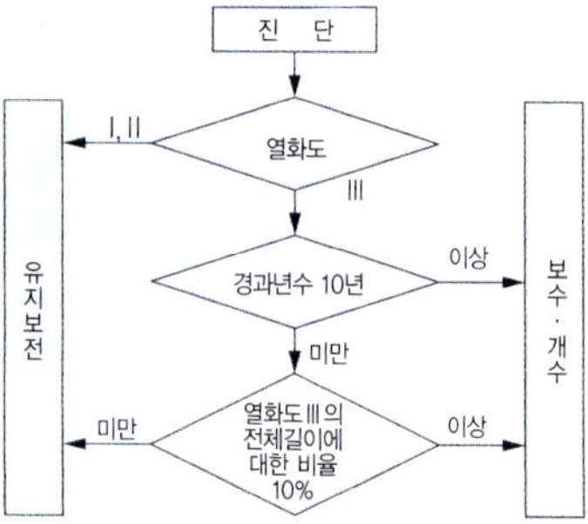

* 열화도 III의 전체길이에 대한 비율이란 '박리'와 '파단'이 열화도 III인 줄눈 총길이의 진단한 줄눈길이에 대한 비율

실링의 판정 과정

실링의 판정 과정에서 말하는 '유지보전'은 열화가 확인되었지만 해당면에 손을 대지 않고 정기적인 점검에 의해 열화의 추이를 관찰하는 것을 의미한다.

10년 이상 경과된 건물에서 열화도 III이 1곳 이상 관찰되었을 경우에는 실링재의 내용년수를 넘은 것으로 판단하여 개수를 요하는 것으로 본다. 또한 10년 미만인 경우에는 열화발생 비율에 의해 판정하는 것으로 하고, 발생률이 10% 이상인 경우에는 개수가 필요한 것으로 판정하고 있다.

참 고

1. 개수공법

보수 · 개수는 그 목적을 명확히 밝힌 후에 적절한 공법을 선택할 것

① 재충전공법(대체공법)

② 줄눈폭 확대 재충전공법

③ 브릿지공법

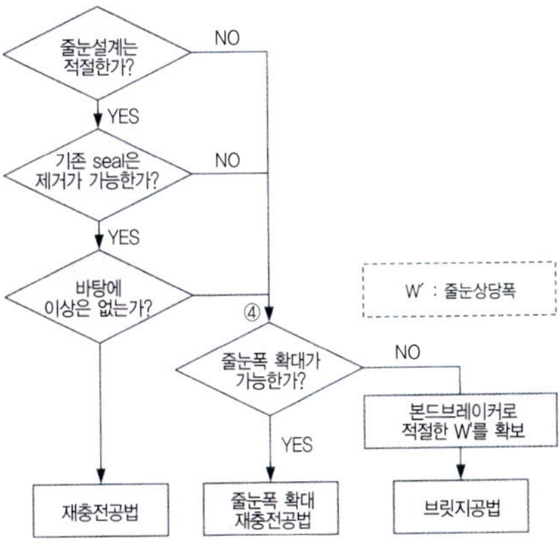

공법 선정 과정

2. 재료시험

판정 결과가 II인 경우로 실링재의 경과년수가 10년 이상인 경우 등 보수 여부의 판정이 어려운 경우에는 시료를 채취하여 물성시험 '경도, 인장(50% 인장응력)'을 하여 판정한다. 이때 시료의 채취는 조사 부위에서 동일 변위를 받는 대표적인 부분 2~3곳을 선정하며 원칙적으로 50cm의 시료를 채취한다. 채취한 시료는 물성시험에 사용하기 위해 구부리거나 말지 말고 폴리에틸렌주머니 등에 넣어 실험기관에 보낸다. 또한 시험은 다음에 따른다.

① 경도시험 : JIS K 6253(KS M 6784) 가황고무 및 열가소성고무의 경도 시험방법

② 인장시험 : JIS K 6251(KS M 6782) 가황고무의 인장시험방법

❖ 평가 · 판정 포인트

☞ 실링재를 진단 · 개수하는 경우 기존 실링재의 종류가 가능한지를 아는 것이 중요한데, 시방서 등의 기록이 없는 경우에는 전문가에게 문의할 것

☞ 시간이 경과됨에 따른 변화에 비해 열화 정도가 심한 경우에는 상세한 조사와 재료시험 등을 하여 원인을 밝히고 적절한 개수공법을 선정한다.

1 시험 · 조사방법

사례 9 외장의 도장마감면에서 백아화와 박리가 발견됨

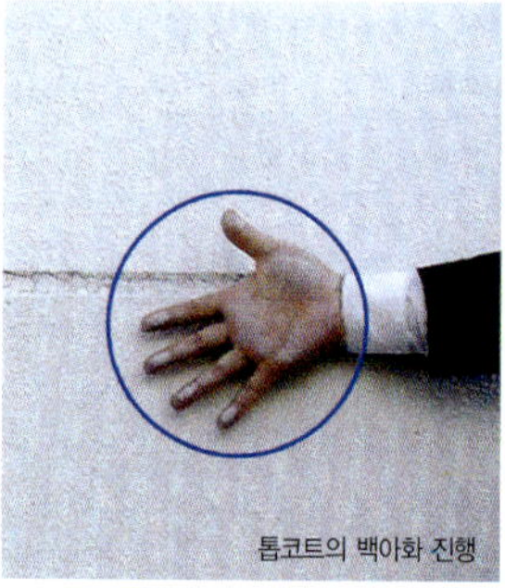

톱코트의 백아화 진행

뿜칠 주요 재료의 열화에 의한 박리

목 적

RC나 프리캐스트콘크리트패널, ALC패널, 압출시멘트성형판, 시멘트모르타르에 시공된 건축용 마감도장재(얇은 칠 · 복층 · 두꺼운 칠 마감도장재)에 관한 열화 정도를 조사하고, 적절한 보수와 유지관리를 위한 판단자료를 얻는 것이 목적이다.

방 법

1. 조사항목

조사는 열화현상마다 육안으로 하기 위해 가급적 가까운 거리에서 실시한다. 접근이 불가능한 경우에는 쌍안경을 사용한다.

도장마감의 열화현상과 조사항목

도장재의 종류				진단항목 (열화현상)			진단방법
도료	마감도장재						
	얇은칠	복층	두꺼운칠				
○	○	○	○	도막표면의 열화		변퇴색(CD)	육안 진단, 색견본 · 컬러 차트에 의한 평가
						광택도 저하(GD)	육안 진단
						백아화(CK)	피막면을 손바닥으로 문질러 분말상의 부착으로 진단
○	○	○	○			오염(CT)	육안 진단
						마모(W)	
–	–	○	○	도막내부의 열화	톱코트	부풀음(BT)	육안 진단
						깨짐(CT)	
						벗겨짐(ST)	
						3종 혼재(MT)	
○	○	○	○		주요재료	부풀음(BU)	육안 진단
						깨짐(CU)	
						벗겨짐(SU)	
						3종 혼재(MU)	
○	○	○	○	부착성		층간부착	크로스컷 테스트, 간이인장시험
						바탕과의 부착	*필요에 따라 실시

2. 조사부위
한 부위 또는 동일 부재로 3곳 이상을 조사하여 열화의 진행 정도(p.46 표 '열화현상별 열화도 평가' 참조)를 다른 것과의 상대평가, 재료 견본과의 차이, 표준패턴사진에 의해 판정한다.

3. 그 외의 조사방법
보다 상세한 상태파악과 객관적인 데이터를 필요로 하는 경우 도막의 크로스컷 테이프 테스트나 바탕과의 부착성을 확인하는 간이인장시험을 한다.

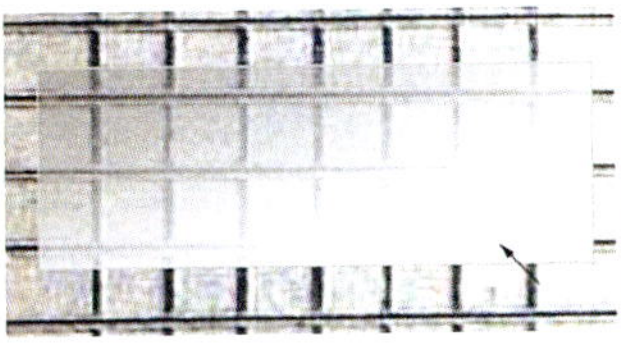
크로스컷 테이프 테스트

간이인장시험

참 고

외장 도장마감 열화의 분류
외장 도장마감의 열화현상은 다음 표와 같이 분류되는데, 보통 시간이 지남에 따른 열화는 몇몇 현상이 혼재하여 발생한다.

도장마감의 주요 열화현상

열화의 종류	열화의 정의
변퇴색	칠 표면색의 색상 · 채도 및 명도가 변화하는 현상(변색)과 채도가 낮고 명도가 커지는 현상(퇴색)이 혼재하여 발생
광택도 저하	도막면의 광택이 저하되는 것
백아화	도막 표면의 열화에 의해 표면이 분말처럼 되는 현상. '초킹'이라고도 함
오염	먼지 · 녹 · 손때 · 유지 등의 부착, 균류 · 곰팡이류의 번식에 의해 일반적인 세정 방법으로는 제거할 수 없는 현상
마모	도막 표면의 열화, 표면으로의 외력 등에 의해 도막두께가 감소되는 것
부풀음	도막이 기체, 액체 또는 부식생성물 등을 포함하여 부풀어 오르는 현상으로 마감도장재의 부풀음과 주요재료의 부풀음으로 나뉜다.
깨짐	도막에 깨짐이 생기는 현상으로 마감도장재의 깨짐과 주요재료의 깨짐으로 나뉜다. 바탕모르타르와 콘크리트 균열에 따른 도막의 깨짐과 식별할 필요가 있다.
벗겨짐	도막이 부착력을 잃어 피도막면으로부터 떨어지는 현상
부풀음, 깨짐, 벗겨짐의 혼재	부풀음, 깨짐, 벗겨짐이 혼재된 상태

❖ 시험 · 조사 포인트

☞ 외장 도장마감은 주로 육안관찰로 조사하며, 여러 사람이 조사를 실시할 경우에는 진단항목별로 인원을 나누어서 하는 등 평가에 들쑥날쑥함이 생기지 않도록 배려한다.

☞ 발판이 없는 상태에서 조사할 경우에는 쌍안경이나 고배율 카메라를 활용하면 효과적이다.

2 평가 · 판정방법

평 가

평가방법
조사항목별로 조사시트를 사용하여 다음 표에 나타낸 기준으로 평가한다.

열화현상별 열화도 평가

열화현상	진단기준	열화도		진단방법
변퇴색	변퇴색 없음	CD	0	동일 부위 · 부재에서 3곳 이상 조사. 조사부위는 건조한 면으로 하고 균일하게 밝게해서 실시한다.
	거의 없음	CD	1	
	보임	CD	3	
	심하게 보임	CD	5	
광택도 저하	없음	GD	0	동일 부위 · 부재에 대해 전체를 잘 관찰한다. 조사부위는 건조한 면으로 한다.
	거의 없음	GD	1	
	보임	GD	3	
	심하게 보임	GD	5	
백아화	가루가 붙지 않음	CK	0	동일 부위 · 부재에서 3곳 이상 조사. 손바닥으로 문질러 부착된 가루의 양으로 판정. 완전히 건조한 면에서 한다.
	가루가 거의 붙지 않음	CK	1	
	가루가 붙음	CK	3	
	가루가 심하게 붙어 있음	CK	5	
오염	없음	CT	0	동일 부위 · 부재에서 3곳 이상 조사. 조사부위는 건조한 면으로 하고 다른 것과의 상대비교로 열화도를 판정한다.
	거의 없음	CT	1	
	보임	CT	3	
	심하게 보임	CT	5	
마모 (바탕 노출)	노출이 없음	W	0	동일 부위 · 부재에서 3곳 이상 조사하고, 육안관찰로 각각 판정한다.
	노출이 거의 없음	W	1	
	노출이 보임	W	3	
	노출이 심하게 보임	W	5	
부풀음	없음	B	0	동일 부위 · 부재에서 3곳 이상 조사하고, 육안관찰로 각각 판정한다.
	거의 없음	B	1	
	보임	B	3	
	심하게 보임	B	5	
깨짐	없음	C	0	동일 부위 · 부재에서 3곳 이상 조사하고, 육안관찰로 각각 판정한다.
	약간 보임	C	1	
	보임	C	3	
	심하게 보임	C	5	
벗겨짐	없음	S	0	동일 부위 · 부재에서 3곳 이상 조사하고, 육안관찰로 각각 판정한다.
	약간 보임	S	1	
	보임	S	3	
	심하게 보임	S	5	
부풀음 · 깨짐 · 벗겨짐 등의 혼재	없음	M	0	동일 부위 · 부재에서 3곳 이상 조사하고, 육안관찰로 각각 판정한다.
	약간 보임	M	1	
	보임	M	3	
	심하게 보임	M	5	
부착성 저하 크로스컷 테스트	이상 없음	CC	0	동일 부위 · 부재에서 3곳 이상 조사하여 각각 판정한다. *1 표준패턴사진, 아래의 그림 참조
	패턴 1 *1	CC	1	
	패턴 2 *1	CC	2	
	패턴 3 *1	CC	3	
	패턴 4 *1	CC	4	
	패턴 5 *1	CC	5	

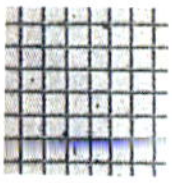
패턴 1

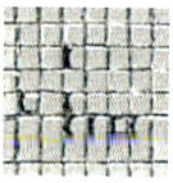
패턴 2

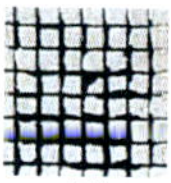
패턴 3

패턴 4

패턴 5

판 정

1. 진단결과 집계

진단결과는 다음과 같이 집계한다. 집계 예에서는 건물의 방위별 열화현상을 집계하고, 도막 표면에 관련된 현상과 도막 내부에 관련된 현상으로 나누어 평균화하였다.

조사결과의 집계 예

방위	부위	열화현상										
		CD	GD	CK	CT	W	면적	B	C	S	M	면적
동	외벽	1	3	5	3	1	25%	1	3	1	1	15%
	발코니	3	3	5	5	3		1	3	3	3	
	파라펫	3	3	5	5	3		1	5	3	3	
서	외벽	3	1	3	1	1	30%	0	1	1	1	20%
	발코니	1	3	5	3	1		1	3	1	1	
	파라펫	3	5	5	5	3		3	5	3	3	
평균		2.5	3.2	4.5	4.0	2.5	22%	1.0	3.5	2.6	2.7	18%
		3.3						2.5				

2. 보수 여부 판정

열화도의 집계결과에서 다음 표를 참고로 하여 보수 여부를 판정한다.

진단결과와 보수 여부 판정[21)]

도장마감재의 종별	열화현상	골조보호성능을 중시하는 경우의 보수 · 개수규모		외관을 중시하는 경우의 보수 · 개수규모	
		부분개수	대규모 개수	부분개수	대규모 개수
전체 도장	변퇴색 광택도 저하 백아화	–	–	• 열화도 3 이상 • 면적 20% 미만	• 열화도 3 이상 • 면적 20% 미만
	오염 마모				
	부풀음 깨짐 벗겨짐 3종 혼재	• 열화도 3 이상 • 면적 20% 미만	• 열화도 3 이상 • 면적 20% 미만	• 열화도 2 이상 • 면적 20% 미만	• 열화도 2 이상 • 면적 20% 미만
복층재	부풀음 깨짐 벗겨짐 3종 혼재	• 열화도 2 이상 • 면적 20% 미만	• 열화도 2 이상 • 면적 20% 미만	• 열화도 2 이상 • 면적 20% 미만	• 열화도 2 이상 • 면적 20% 미만
전체도장	층간부착				
	바탕과의 부착				

❖ 평가 · 판정 포인트

☞ 진단 대상(도장 표면, 도장 내부, 부착성)별로 열화 조사 항목을 잘 이해할 것.

☞ 진단대상별로 여러 조사항목이 있으므로 조사조건에 따라 항목을 적절히 선택하여 효율적인 조사를 하는 것도 가능하다.

외장타일마감

1 시험 · 조사방법

사례 10 건물의 외장타일에 들뜸이 보이며 일부는 박락됨

목 적

건물의 시간이 흐름에 따른 열화와 함께 발생하는 외장타일의 들뜸은 그 상태로 방치해 두면 박락으로 이어진다. 타일붙임의 열화도를 진단하여 적절한 보수와 유지관리를 위한 판단자료를 얻는 것이 목적이다.

방 법

1. 타일붙임공법별 열화현상

타임붙임은 공법에 따라 열화부위에 특징이 있으므로 공법을 특정짓는 것은 열화진단을 하는 데 있어서 중요하다.

타일붙임공법별 열화현상

공법			개량압착붙임	압착붙임	밀착붙임	유닛타일붙임
적용 타일			마구리형 크기 이상	마구리형 크기 이상	마구리형 크기 이상	길이형
단면 구성			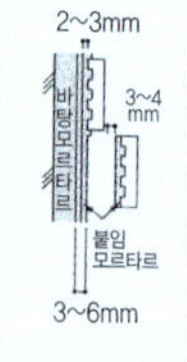	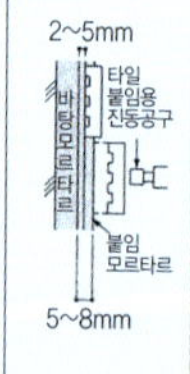	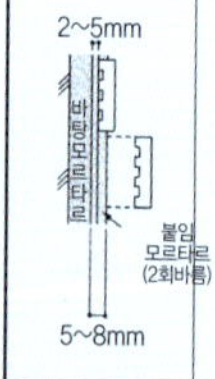	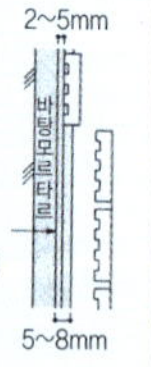
열화의 종류	들뜸	타일/붙임모르타르	○	×	○	△
		붙임모르타르/바탕모르타르	△	△	△	△
		바탕모르타르/RC골조	×	×	×	×
	균열	타일붙임층	○	△	△	△
		타일붙임층+RC 골조	△	△	△	△
	백화(에프로레센스)		○	△	○	×
	줄눈의 균열 · 벗겨짐		○	△	○	△

[탈락발생의 가능성] ○ : 적음, △ : 약간 많음, × : 많음
*굵은 테두리 안은 최근 주류를 이루고 있는 공법이다.

2. 조사방법

① 외관관찰법

육안 또는 쌍안경으로 열화의 종류를 조사한다.

② 타진법

테스트 햄머로 타일면을 타진하여 타음과 반발 감각으로 들뜸을 판정하는 방법. 타진법에는 박락 위험이 큰 곳을 부분적으로 실시하는 '부분타진법'과 곤돌라나 발판을 이용하여 외벽 전체를 타진하는 '전면타진법'이 있다.

타진법 조사

적외선법 조사

③ 적외선법

박리 부위와 정상 부위의 열전도 차이에 의한 온도차를 적외선 장치로 측정하여 타일의 들뜸 유무와 정도를 조사하는 방법으로 타진법과 병용하면 진단 효율이 향상된다.

접착강도시험

④ 접착강도시험

인장시험기를 사용하여 타일을 떼어내고 접착강도와 박리 위치를 확인하는 방법, 파괴시험이기 때문에 시험 부위의 보수가 필요하다.

3. 조사내용

① 예비조사

측정부위와 진단방법, 시기를 결정하여 진단비용의 견적을 내기 위한 조사 또는 과거의 보수경력과 공법을 확인한다.

② 부분조사

외관관찰법+부분타진법

③ 전면조사

보수를 전제로 한 조사

외관관찰법+전면타진법

외관관찰법+전면적인 적외선법과 부분타진법 병용

4. 진단내용 선정

정기점검에서는 부분조사로 건전도를 파악하고, 일부에서 박락이 확인되었을 경우에는 개수를 전제로 한 전면조사를 실시한다.

❖ 시험 · 조사 포인트

☞ 부분조사를 할 경우에는 1층, 개구부 주위, 옥상 파라펫 등 테스트 햄머가 미치는 범위에서 타진을 실시한다. 자루가 긴 테스트 햄머도 있으므로 효과적으로 활용하면 조사범위를 넓힐 수 있다.

☞ 적외선 카메라에 의한 조사는 광범위한 진단이 가능하지만 표면온도에 차이가 보이는 부위를 부분적으로 타진하는 등 타일의 들뜸과 표면온도와의 상관을 명확히 할 필요가 있다.

2 평가 · 판정방법

판 정

1. 부분조사의 판정

'외관관찰법+부분타진법'에 의한 조사를 실시했을 경우 다음과 같은 방법으로 조사결과를 평가한다.

부분조사항목과 판정규준

항목 \ 평가점	0점	10점	20점
1. 준공 후 경과년수	10년 미만	10년 이상	–
2. 보수경력	없음	1~2회	3회 이상
3. 주변지역 환경	보통	나쁨	–
4. 타일붙임공법	먼저붙임	압착공법 이외	압착공법
5. 육안조사	열화의 진행이 없음	열화가 약간 진행됨	열화가 매우 많이 진행됨
6. 부분타진조사	들뜸 없음	1곳	1곳 이상

위의 표에서 1~6 항목에 대해 평가점 합계를 구하여 판정한다.
20점 미만 : 보수할 필요 없다.
20~39점 : 1년마다 점검하여 경과를 관찰한다.
40점 이상 : 전면조사를 실시하여 적절한 개수를 계획한다.

2. 전면조사의 판정

'외관관찰법+전면타진법'에 의한 조사는 보수할 필요가 있는 타일면에 대하여 하는 것이므로 조사결과가 보수시방 선정에 직접 이어지도록 다음과 같은 방법에 따라 실시한다.

① 들뜸 판정
테스트 햄머로 타진하여 소리의 차이로 들뜸을 판정한다. 들뜸이 보이는 범위는 분필이나 테이프로 표시하고 도면에 기입한다. 박락된 부위는 '박락부위'로 집계한다.

② 균열 판정
균열은 폭 0.2mm 이상을 대상으로 한다. 줄눈 균열(탈락)과 타일 균열 모두 분필이나 테이프로 표시하고, 길이 · 폭 · 위치를 도면에 기입한다.

③ 박락부분 판정
테스트 햄머 등으로 타격을 가해 위험한 부분을 햄머나 끌 등으로 떼어낸다. 박락면을 충분히 관찰하여 박락층을 특정함과 동시에 면적과 위치를 도면에 기재한다.

타일이 들뜬(부풀음) 예

타일의 박락 예

참 고

1. 열화 정도와 보수공법 선정

타일붙임의 보수방법은 열화의 형태에 따라 적절히 선정하지 않으면 보수 효과를 얻지 못하므로 주의해야 한다.

열화현상별 적용 보수공법[22]

	열화현상	열화 정도 · 기타	적용보수공법
들뜸	들뜬 위치 타일/붙임모르타르	모자이크타일~길이형	부분교체붙임공법
		마구리 이상	앵커피닝주입 병용 공법
	들뜬 위치 붙임모르타르/골조	보수 후 10년 이상의 내용년수를 기대	
	붙임모르타르/바탕모르타르 바탕모르타르/골조	작은 면적(0.5m^2 이내) 또는 잠정적인 보수	앵커피닝주입 병용 공법
	들뜬 위치 구체콘크리트를 포함한 들뜸	구조내력과 관계 없는 콘크리트의 열화	앵커피닝주입 병용 공법
		구조내력과 관계된 콘크리트의 열화	별도의 방법에 따름
균열	타일줄눈의 균열	균열폭 0.2mm 이상 또는 줄눈모르타르의 탈락	줄눈균열보수공법
	타일붙임의 균열	타일붙임의 균열폭이 0.2mm 이상인 경우	부분교체붙임공법
	골조콘크리트의 균열을 포함한 타일붙임의 균열	움직임이 없는 균열	타일 제거 · 균열주입공법
		움직일 가능성이 있는 균열	타일 제거 · 균열실링공법
박락	타일 단체의 박락	경미한 동해에 의한 부분 결손은 제외	부분교체붙임공법
	타일붙임의 균열 박락	일반적인 타격에 의해 탈락되는 부위를 포함	

2. 앵커피닝주입 병용 공법

타일붙임모르타르가 들뜬 부분을 골조에 밀착시키지 않도록 하기 위해 천공부분에 에폭시수지를 충전하고 여기에 스테인리스제 핀을 삽입하여 골조에 앵커를 설치함과 동시에 들뜬 부분을 접착 고정하는 방법

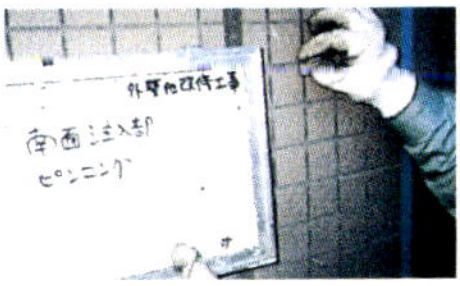

앵커피닝주입 병용 공법

❖ 평가 · 판정 포인트

☞ 부분조사법에 의해 경과 관찰 또는 보수할 필요가 없다고 판정된 경우라도 들뜸이 확인된 곳은 박락시의 위험을 고려하여 적절히 보수할 것.

☞ 박락개소의 판정은 박락층 확인도 중요한 요소이므로 사진촬영이나 부재표본 채취를 반드시 할 것.

금속마감

1 시험 · 조사방법

사례 11 반자 알루미늄패널 표면에 점모양 부식이 발생함

알루미늄반자부재의 오염물질 부착에 의한 점모양의 부식

목 적

건물의 외장 및 개구부재 중 양극산화피막, 양극산화 도장복합피막 및 도막에 의해 피복된 알루미늄합금제 부재에 관한 제반 조사를 하여 열화 정도를 진단하고 그 건물의 적절한 보수와 유지관리를 위한 판단자료를 얻는 것이 목적이다.

방 법

1. 진단방법

원칙적으로 육안 및 손가락 접촉에 의한 진단으로 하는데, 오염 등에 대해서는 세정(마른걸레질, 물, 세제)에 의한 진단을 실시한다.
조사는 부재마다 동일 부위에 대해 3곳 이상을 실시하고 다른 것과의 상대비교를 바탕으로 다음 표에 의해 열화를 진단하며 부위별로 집계한다.
진단은 판단이 용이하도록 '거의 없음', '약간 눈에 띔', '눈에 띔'의 3단계로 평가한다.

금속마감의 조사항목과 열화도

진단항목		열화도			진단방법
		거의 없음	약간 눈에 띔	눈에 띔	
오염	부착물	0	–	1	육안 세정시험
	경미한 고착물	0	–	2	
	심한 고착물	0	–	5	
	얼룩	0	5	10	
변색	간섭색	0	–	8	육안
	백아화	0	–	10	육안, 손가락 접촉
	황변화	0	–	10	육안
도막	벗겨짐	0	8	15	육안
	깨짐 · 부풀음	0	8	15	
상처	긁힘	0	5	10	
	요철	0	10	20	
부식	점모양의 부식	0	10	15	
	구멍모양의 부식	0	–	40	
	변형	0	–	40	
	기타 부식	0	10	15	

2. 육안진단의 기준

시력 1.0 정도의 사람이 열화를 식별할 수 있는 거리에 따라 3단계 평가의 판단기준으로 한다.

① 눈에 띔 : 5m 거리에서 보이는 경우

② 약간 눈에 띔 : 1m 거리에서 보이는 경우

③ 거의 없음 : 1m 거리에서도 보이지 않는 경우

참 고

알루미늄합금제 부재의 열화 진행과정

① 부재 표면의 피막 또는 도막에 오염이 부착(고착)되어 있거나 얼룩, 변 · 퇴색이 생겨 외관성능이 저하된다.

② 부재 표면의 피막 또는 도막에 깨짐, 벗겨짐, 부풀음 등이 생겨 부재에 대한 보호성능이 저하된다.

③ 부재 표면의 피막 또는 도막이 부분적으로 파괴되어 부재에 변형이나 경미한 부식(점식)이 생긴다.

④ 부재에 점모양의 부식, 구멍난 부식이 생겨 부재의 강도가 저하된다.

알루미늄합금제 부재의 표면처리와 열화현상

열화현상	표면처리의 종류		
	양극산화처리 • 자연발색 • 전해착색	복합피막처리 (양극산화피막 +클리어도장)	화성처리 +도장
부착물(마른걸레질 · 물세정으로 제거 가능)	○	○	○
경미한 고착물(중성세제로 제거 가능)	○	○	○
심한 고착물(용제, 연마제로 세정)	○	○	○
얼룩(세정으로는 제거 불가능)	○	○	○
간섭색(표층이 열화되어 무지개색을 띠는 상태)	○		
백아화(도막이 열화되어 흰 가루처럼 되는 상태)		○	○
황변화(클리어도막이 누런 색조를 띠는 상태)		○	
도막의 벗겨짐, 깨짐, 부풀음		○	○
긁힘(깊지 않은 표면적인 손상)	○	○	○
요철(깊이가 있는 입체적인 손상)	○	○	○
점모양 부식(오염물질 부착에 의한 경미한 부식)	○	○	
구멍난 부식식(관통된 부식)	○	○	
변형(안쪽에 부식생성물이 생겨 표면이 부풀음)	○	○	

❖ 시험 · 조사 포인트

☞ 조사부위는 반드시 건조한 면으로 하고 가급적 균일한 밝기 아래에서 할 것.

☞ 육안이나 촉각검사에 의한 조사가 주체이기 때문에 한 사람에 의한 진단이 바람직하지만, 분담하여 실시할 경우에는 부재별로 분담하는 등 동일 부재에 따른 판단이 생기지 않도록 고려할 것.

2 평가 · 판정방법

판 정

1. 열화현상의 분류와 집계

열화현상의 조합에 의한 분류는 다음 표와 같다. 분류된 열화 정도에 따라 평가가 다르므로 조사대상별로 분류와 열화도 집계를 한다.

열화의 조합에 의한 평가

	부식 또는 도막의 열화	변색	손상	오염	분류	열화현상
열화의 조합에 의한 분류	=0	=0	=0	=0	A	양호
				≠0	B	오염
			≠0	=0	C	손상
				≠0	D	오염 · 손상
		≠0	=0	=0	E	변색
				≠0	F	변색 · 오염
			≠0	=0	G	변색 · 손상
				≠0	H	변색 · 손상 · 오염
	≠0	=0	=0	=0	I	부식
				≠0	J	부식 · 오염
			≠0	=0	K	부식 · 손상
				≠0	L	부식 · 손상 · 오염
		≠0	=0	=0	M	부식 · 변색
				≠0	N	부시 · 변색 · 오염
			≠0	=0	O	부식 · 변색 · 손상
				≠0	P	부식 · 변색 · 손상 · 오염

=0 : 열화현상이 보이지 않는 항목 / ≠0 : 열화현상이 보이는 항목

2. 집계 예

다음 표는 진단결과의 집계 예이다. 집계 예에서는 층수, 방위, 부위별 진단 결과를 열화현상으로 분류하여 각 열화도의 총계를 기재하고 있다.

조사결과의 집계 예

조사개소			동면		서면	
층수	부위	표면처리의 종류	열화현상의 분류	열화도	열화현상의 분류	열화도
1층	새시	피막	B	5		
	CW*	복합피막	J	42		
	패널	도막	K	60		
	천정	피막	B	1		
2층	새시	피막	D	15		
	CW*	복합피막	J	45		
	패널	도막	A	0		
⋮						

*CW : 커튼월

3. 열화 정도의 판정

조사항목별로 얻어진 열화현상의 분류와 열화도 평점에 따라 보수와 부재 교환 등의 여부를 판정한다.

열화도별 판정[23]

열화도		분류	열화도계	판정
I	거의 없음	A	-	보수할 필요 없음
II	경미함	B~F	29 이하	유지 보전(경과관찰)
III	중간	C, D, F, G, H	30~39	
		I~P	39 이하	
IV	약간 심함	D	40~69	보수 · 교환
		G~P		
V	심함	I~P	70 이상	

A~P의 표기는 p.52의 표 '열화의 조합에 의한 평가' 참조

참 고 열화현상에 따른 일반적인 보수공법은 다음 표와 같다.

열화현상과 보수공법

열화현상	보수공법
심한 백아화	착색 또는 클리어도장
심한 황변화	
벗겨짐	
깨짐 · 부풀음	
클리어도장	클리어도장
착색도장	착색도장
손상	
점모양 부식	착색 또는 클리어도장
구멍난 부식	① 부식원인 제거 ② 수지 충전 ③ 착색 도장
변형	① 부식원인 제거 ② 보수판 등에 의한 피복 또는 부재 교환

❖ 평가 · 판정 포인트

☞ 종합적인 판정은 열화 정도, 건물의 경과년수, 앞으로의 사용예정 기간, 비용 등을 고려한 후 에 할 것.

☞ 어느 정도의 열화에 대해서는 경과관찰로 판정되었을 경우 앞으로의 점검주기와 중점적으로 점검해야 할 부분, 열화가 진행되었을 경우의 처치 등을 유지관리계획서에 명기할 것.

외장 ALC패널 붙임

1 시험 · 조사방법

사례 12 외장 ALC패널 붙임에서 균열이 발견됨

가로로 붙인 외장 ALC패널의 균열

목 적

외장에 사용되는 ALC패널 붙임은 시간이 흐를수록 균열이나 폭렬이 생길 가능성이 높으며, 균열이 생기면 내부의 누수뿐만 아니라 부재의 박락으로 이어져 대형사고를 초래할 위험이 높다. ALC패널 및 방수에 있어서 중요한 패널줄눈 실링재에 대한 열화 정도를 진단하여 적절한 보수와 유지관리를 위한 판단자료를 얻는 것이 목적이다.

방 법

조사방법

ALC패널의 표면마감 열화진단에 대해서는 p.45의 표 '도장마감의 주요 열화현상' 을 참고할 것.

조사는 ALC패널 및 줄눈 실링재에 대하여 열화현상별로 한다. 육안조사가 주체가 되므로 가급적 조사대상에 근접하여 조사하는 것이 원칙이며, 접근이 불가능한 경우에는 쌍안경을 사용할 것.

ALC패널의 열화 진단항목

열화현상	진단항목
균열	① 육안으로 균열의 방향, 형상 등의 패턴을 관찰하며 총균열길이가 어느 정도인지 파악한다. ② 균열 부위에 녹에 의한 오염이 있는지 관찰한다.
들뜸	① 육안으로 ALC패널 부재의 들뜸을 관찰한다. ② 들뜸 주변에 녹이 있는지 관찰한다.
박락	① 육안으로 ALC패널의 빠져서 없어진 부분이 있는지 관찰한다. ② 떨어진 부위에서 철근이 노출된 경우에는 그 상태를 관찰한다.
결손	육안으로 ALC패널의 결손 유무를 관찰한다.
누수	육안으로 누수의 유무를 관찰한다. 실내 관찰이 주체가 되지만 면담/청취조사도 중요하다.

필요에 따라 간편한 진단기기(스케일, 확대경, 테스트 햄머 등)를 사용한다. 진단은 1~2년마다 실시하는 것이 바람직하다. 또한 지진이나 태풍, 화재 등의 피해를 입었을 경우에는 가급적 빨리 실시할 필요가 있다.

ALC패널 줄눈실링재의 열화진단항목

열화현상		진단항목
주름	*	육안으로 주름 발생을 관찰한다.
변 · 퇴색, 오염	*	육안으로 변 · 퇴색을 관찰한다.
균열	*	육안으로 균열 유무를 관찰한다.
백아화	*	촉각검사에 의해 백아화를 진단한다.
마감재의 들뜸 · 변색		육안, 촉각검사에 의해 실링재에 시공된 마감재의 들뜸, 변색을 관찰한다.
누수 또는 누수흔적		육안으로 줄눈부 · 개구부 등의 누수 또는 그 흔적을 관찰한다.
박리		육안으로 박리를 관찰한다.
파단(구멍뚫림)		육안으로 파단상황과 누수 유무를 관찰한다.
ALC패널 파괴		육안으로 줄눈 주변의 ALC패널 파손을 관찰한다.
변형		육안으로 변형상태를 관찰한다.
연화		육안, 촉각검사에 의해 연화를 관찰한다.

* : 외관성을 중시하는 경우에만 고려한다.

파단(구멍뚫림)

피착제(ALC패널)의 파손

❖ 시험 · 조사 포인트

☞ ALC패널의 균열, 박락, 결손 등과 같은 현상은 시간이 흐름에 따른 열화현상 외에도 건물의 거동 관계에서 과대한 응력이 발생하여 생기는 경우가 있으므로 발생시기와 발생 부위 및 설치형식 등을 확인하여 시간이 흐름에 따른 열화인지 그 외의 불량에 의한 것인지 특성시을 필요가 있다. 어떤 경우이든 발생 요인을 제거하는 것이 전제 되어야 한다.

외장 ALC패널 붙임

2 평가 · 판정방법

판 정

1. ALC패널의 판정

조사결과를 바탕으로 ALC패널의 진단항목별로 나타낸 기준으로 평점을 매기고 평점의 합계를 계산하여 열화도를 종합적으로 판정한다.

ALC패널의 열화진단 평가기준

열화현상			평점
균열	거의 보이지 않음	100㎡당 총길이 4m 이하	0
	보임	100㎡당 총길이 5~9m 이하	4
	많이 보임	100㎡당 총길이 10m 이상	5
들뜸	거의 보이지 않음	발생면적률 1% 미만	0
	보임	발생면적률 1~3% 미만	4
	많이 보임	발생면적률 3% 이상	5
박락	보이지 않음	100㎡당 0곳	0
	보임	100㎡당 1곳 미만	5
	많이 보임	100㎡당 1곳 이상	10
결손	보이지 않음	100㎡당 0곳	0
	보임	100㎡당 1곳 미만	4
	많이 보임	100㎡당 1곳 이상	5
누수	보이지 않음		0
	누수 또는 누수흔적이 보임		10

열화도의 종합판정[24)]

열화도	평점 합계	판정	조치방법
A	0~3	미관을 제외하면 건물의 내구성 · 안정성에는 지장이 없음	다음 번 진단까지 방치 가능하다.
B	4~9	ALC패널의 열화가 진행중이며, 건물의 내구성 · 안전성에 영향을 미칠 가능성이 있음	개수 필요성을 판단하기 위해 열화부위의 상세한 조사를 실시한다.
C	10 이상	ALC패널의 열화가 심하며 그 상태로 방치하면 건물의 내구성 · 안전성에 지장을 줌	개수 계획을 전제로 한 전면적인 상세조사를 실시한다.

2. 패널줄눈실링의 판정

조사결과를 바탕으로 ALC패널의 줄눈실링 및 줄눈 주변의 진단항목별로 나타낸 기준으로 평점을 매기고, 평점의 합계를 계산하여 열화도를 종합적으로 판정한다.

ALC패널줄눈실링재의 열화진단 평가기준

열화현상			평점
주름	*	거의 보이지 않음	0
		보임	1
		많이 보임	2
변 · 퇴색, 오염	*	거의 보이지 않음	0
		보임	1
		많이 보임	2
균열	*	거의 보이지 않음	0
		보임	1
		많이 보임	2
백아화	*	거의 보이지 않음	0
		보임	1
		많이 보임	2
마감재의 들뜸 · 변색		거의 보이지 않음	0
		보임	1
		많이 보임	2
누수 또는 누수흔적		보이지 않음	0
		누수 또는 누수흔적이 보임	10
박리		보이지 않음	0
		보임	10
파단(구멍뚫림)		보이지 않음	0
		보임	10
ALC패널 파괴		보이지 않음	0
		보임	10
변형		보이지 않음	0
		보임	10
연화		보이지 않음	0
		보임	10

* : 외관성을 중시하는 경우에만 고려한다.

열화도의 종합판정[25)]

열화도	평점 합계	판정	조치방법
A	0~3	미관을 제외하면 건물의 내구성 · 안정성에는 지장이 없음	다음 번 진단까지 방치 가능하다.
B	3 이상	실링재의 열화가 진행중이며, 누수나 ALC패널의 내구성에 영향을 미칠 가능성이 있음	개수 필요성을 판단하기 위해 열하부위의 상세한 조사를 실시한다.

❖ 평가 · 판정 포인트

☞ ALC패널 외벽의 열화 판정은 p.45의 표 '도장마감의 주요 열화현상'을 참고로 표면마감 및 패널 본체, 줄눈재료의 3항목 판정결과로 종합적으로 판단할 것.

1 시험 · 조사방법

사례 13 고가수조의 보강철물 · 부속철물에서 부식이 발견됨

목 적

기존 건물의 설비기기, 배관, 배선 등의 열화도를 육안 등의 오감에 의한 조사와 각종 관리기록 및 관리자로부터의 면담/청취조사를 통해 진단하여 적절한 보전계획 자료를 얻는 것이 목적이다.

방 법

1. 예비조사

예비조사는 각종 진단에 앞서 실시하는 것으로, 의뢰자의 요구사항과 불량정도, 현재 설비의 개요를 운전관리자 등에게 듣는다. 또한 준공도서, 운전기록 등을 열람하여 현재상태를 파악하며 진단의 기본이 되는 정보를 수집한다.

2. 육안조사-진단대상

진단은 '건축설비진단평가규준'(일본-건축 · 설비유지보전추진협회)에 따른다.

① 전기설비(기기) : 변압기, 콘덴서, 수전반, 배전반, 동력반, 전등반, 자화보반, 방송앰프/(기구 · 재료) - 조명기구, 스피커, 감지기, 배선, 배관

② 위생설비(기기) : 수조, 펌프, 보일러, 가스급탕기, 위생기기, 소화설비/(기구 · 재료) - 급배수배관, 급배수철물 · 기구, 배수통

③ 공조설비(기기) : 냉동기, 흡수냉동기, 냉각탑, 보일러, 공조기, 패키지공조기, 전열교환기, 필터, 송풍기, 펌프, 수조, 열교환기, 오일탱크/(기구 · 재료) - 제기구류, 댐퍼류, 덕트 및 부속기, 배관 및 부속품

3. 육안조사-진단항목

① 부식 ② 발청(녹) ③ 발열 ④ 변형 ⑤ 변색 ⑥ 균열 ⑦ 악취 ⑧ 이상한 소리 ⑨ 이상한 진동 ⑩ 소음 ⑪ 안전성 ⑫ 위생환경 ⑬ 설치 ⑭ 지지 ⑮ 접속 ⑯법 적합성 ⑰ 지구환경 ⑱ 에너지절약

참 고

육안 · 면담/청취조사항목

설비별 면담/청취조사의 주요 항목은 다음과 같다.

전기설비

- □ 전기용량 부족이 발생한 적은 없는가?
- □ 변압기 · 콘덴서에서 이상한 소리나 변형이 있지는 않은가?
- □ 브레이커 및 간선에서 이상한 소리가 나거나 온도 이상은 없는가?
- □ 조명에서 이상한 소리가 나거나 조도 부족이 발생한 적은 없는가?
- □ 비상등, 유도등의 점등상태는 양호한가?
- □ 각 설비의 배터리는 적절한 시기에 교환되었는가?
- □ 전력소비는 절약되고 있는가?(연간소비전력을 기입)
- □ 전기실의 자동발정 급배풍기 운전은 정상인가?
- □ 경보표시반의 표시램프가 꺼지지는 않았는가?
- □ 전기설비반 내에 침수된 흔적은 없는가?
- □ 각종 기기의 점검보고서에서 이상이 지적된 적은 없는가?

위생설비

- □ 수조 점검은 용이하게 할 수 있는 상태인가?(정기적 청소실시 기록)
- □ 붉은 물이 생기지는 않았는가?
- □ 배수는 원활한가?
- □ 화장실에서 심한 악취가 나지는 않는가?
- □ 압력계 · 온도계는 작동하고 있는가?
- □ 급수장치의 출력압력에는 이상이 없는가?
- □ 사용수량에 이상은 없는가?(연간사용량변화 기록)
- □ 소방용 수조의 수량 유지에 이상은 없는가?

공조설비

- □ 기기운전시에 이상한 소음 · 진동은 없는가?
- □ 환기상태는 양호한가?
- □ 실내온도는 일정한가?
- □ 압력계, 온도계 등은 작동하고 있는가?
- □ 수처리장치는 작동하고 있는가?
- □ 외기도입댐퍼는 개방되어 있는가?
- □ 필터 등에 먼지가 많이 붙어 있지는 않은가?
- □ 흡배기구 · 루버에 먼지가 많이 붙어 있지는 않은가?
- □ 공조기기 및 드레인팬에 녹이 슬지는 않았는가?
- □ 실외기기의 고정철물에 녹이 슬지는 않았는가?
- □ 보온, 랫킹에 파손은 없는가?

❖ 시험 · 조사 포인트

☞ 예비조사를 실시하여 건물 전반에 대한 현재의 사용상황을 파악하고, 그 결과 필요하다고 판단된 항목에 대해서는 상세한 진단을 실시할 것.

☞ 설비를 진단하는 데는 많은 인원과 비용이 필요하므로 경제성도 고려하여 진단항목을 결정할 것.

2 평가 · 판정방법

판 정

평가는 물리적 열화와 사회적 열화의 정도 및 범위 또는 개선을 필요로 하는 대상과 범위, 시기를 판정한다.

1. 물리적 열화의 평가

물리적 열화의 경우는 준공 시점의 초기 성능을 기준으로 열화현상의 정도를 3단계로 나누어 평가한다.

A : 정상
B : 경증
C : 중증

2. 사회적 열화의 평가

사회적 열화의 경우는 시대가 변하면서 기능에 대한 요구도 변화되고 있어서, 진단시 또는 몇 년 후의 요구 성능을 염두에 두어 현재 열화현상의 정도를 평가한다. 또한 요구성능이 다양하여 건물의 용도와 등급 등에 따라 그 기준치를 감안해야 한다. 평가시에는 기준레벨을 명확히 할 필요가 있다.

3. 개수 · 수선의 평가

① 개선실시 시기에 대해서는 기기나 재료 등에 대해 수명이라는 관점에서 3단계로 나누어 평가한다.

A : 조기 대응
B : 중기 대응
C : 장기 대응

② 진단보고서에 기재할 개선책에 대해서는 4단계로 나누어 평가한다.

A : 현재 상태로 사용 가능
B : 수선 필요
C : 갱신 필요
D : 시스템 변경 필요

옥상 배연덕트의 부식

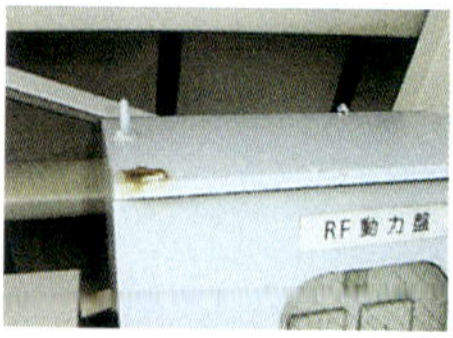

동력반의 부식

배관지지철물의 부식

참 고

진단의 종류

설비 진단은 그 목적에 따라 다양하다. 다음에 주요 진단의 종류와 개요를 나타낸다.

① 메인터넌스작업진단
에너지 절약을 목적으로 실제 메인터넌스작업의 분석을 양이나 내용의 양면에서 한다.

② 고장기록으로 기능 열화 진단
보관되어 있는 기기의 고장기록 등에서 고장간격시간 · 고장률 등의 추이를 구하여 신뢰성 공학을 바탕으로 분석한다.

③ 기기의 현지상세진단
기기의 보수 · 관리 양면에서 현지의 기기가동상황을 상세히 체크하여 기기의 열화도를 분석한다.

④ 기기의 해체 · 분석에 의한 진단
기기의 부품단위별 열화(마모 등)를 정량적으로 파악하여 기기 총체로서의 열화도를 밝힌다.

⑤ 성능 향상을 위한 진단
현재 설비시스템의 잠재능력을 조사하여 현재상태 그대로 기능 향상이 가능한지 분석한다.

⑥ 방재설비의 기능진단
현재 방재설비를 모의적으로 작동시켜 기능 작동을 체크한다.

⑦ 에너지절약 진단
에너지소비 절감, 운전비 삭감, 환경부하 저감 등의 입장에서 현재상태의 에너지소비량을 조사한다.

소화전 펌프에 녹이 생김

옥상설비기기의 열화

❖ 평가 · 판정 포인트

☞ 건물 소유자의 개수 목적과 입장을 명확히 한 다음에 평가 · 판정을 할 것.
☞ 관련 기기와 시스템도 진단 대상으로 하고 전기설비나 공조 · 환기설비 및 위생설비를 종합적으로 진단한다.

조명 · 콘센트설비

1 시험 · 조사방법

사례 14 조명기구 커버에 녹이 생기고 조도 저하도 확인됨

목 적

조명기구의 열화 및 에너지절약 등을 조사하여 조명의 조도가 초기 상태로 유지되고 있는지를 진단함과 동시에 적절한 보전계획 작성을 위한 자료를 얻는 것이 목적이다.

방 법

진단은 '[일본]건축설비진단평가기준'(건축 · 설비유지보전추진협회)에 준하여 실시한다.

1. 조명기구(형광등 · 백열등 · 투광기)

진단방법과 판단기준

부위 · 부재	검출항목	진단방법	판단기준
	외관	육안	오염, 부식, 변형, 변질이 없을 것
기구 본체	점등	점등시험	정격주파수, 정격전압을 가했을 때 정상적으로 점등될 것
	조도	조도측정	적절한 조도가 유지되어 있을 것
	소음	소음측정	기구에서 발생하는 소음에 의한 지장이 없을 것
	절연저항	절연저항측정 (500V메가)	5MΩ 이상
	절연저항	내전압시험	정해진 시험전압에 1분 동안 견딜 수 있을 것
	온도상승	온도상승시험	정격주파수, 정격전압을 가했을 때 기구의 온도가 정해진 수치 이하일 것
안정기	외관	육안	라벨의 심한 변색, 콤파운드의 유출, 콘덴서기름의 유출, 납땜 부위의 벗겨짐, 외관 부식, 리드선의 변색 · 경화가 없을 것
	전압	전압계	입력전압이 안정기의 정격전압 ±6% 이내이며, 안정기의 2차전압이 ±10% 이내
램프	흑화	육안	램프가 흑화되어 있지 않을 것
반사판/루버커버	외관	육안	오염이 없을 것. 부식, 변형, 변질이 없을 것, 변형 · 손상 등으로 낙하의 위험이 없을 것
기구 부착	외관	육안	달대나 흔들림 방지가 설치되어 있을 것

2. 조명기구(배선)

진단방법과 판단기준

부위 · 부재	검출항목	진단방법	판단기준
배선상태	외관	육안	변색, 변형, 손상, 습기, 물방울 등으로 절연성능을 해칠 우려가 없을 것
	성능	육안	배선이 지지되고, 흔들림에 대해 여유가 있을 것. 구부러지면 균열이 생길 수 있으므로 구부러지지 않는 상태가 되도록 할 것
	절연저항	절연저항측정 (500V메가)	2MΩ 이상
	점멸구분	점멸 육안	기구의 점멸을 용이하게 할 수 있을 것 점멸 구분이 적정할 것

3. 유도등, 비상용 조명

진단방법과 판단기준

부위 · 부재	검출항목	진단방법	판단기준
배선상태	외관	육안	기구의 변색, 손상이 없을 것
	점등	육안	모니터램프가 점멸되어 있을 것. 점검스위치를 빼면 비상점등으로 교체될 것. 상용전원이 끊어졌을 때 비상점등할 것
	배치	육안	소방법에 정해진 곳에 설치되어 있을 것
	조도	조도측정	바닥면의 수평면 조도가 1lx 이상(형광등은 2lx 이상)
램프	외관	육안	일반형 램프가 사용되어 있을 것
배선	외관 절연저항	육안 절연저항측정 (500V메가)	내열배선이 손상되어 있지 않을 것 0.1MΩ 이상

4. 전등콘센트 설비

진단방법과 판단기준

부위 · 부재	검출항목	진단방법	판단기준
외관 · 구조	환경	육안	주위에 점검상 또는 사용상 장해가 없을 것
	부식, 변색, 변형, 균열	육안	부식, 변색, 변형, 균열 등이 없을 것
단자부	접촉상태 발열상태	육안	나사가 부착된 단자는 조임으로 부착되어 있으며, 나사가 없는 단자는 배선삽입부가 당김으로 인해 빠지지 않도록 할 것
	절연저항	절연저항측정 (500V메가)	5MΩ 이상
콘센트접속	접촉상태 발열상태	육안	플러그 탈착이 용이하며, 유지력이 충분할 것

❖ 시험 · 조사 포인트

- ☞ 기구 본체를 제외하고 진단을 할 때는 감전사고가 일어나지 않도록 전원처리를 확실히 할 것
- ☞ 유도등은 유도등인정위원회의 인정마크가 부착되어 있을 것
- ☞ 비상용 조명은 방재성능평정위원회의 방재성능평정마크가 부착되어 있을 것

2 평가 · 판정방법

판 정

1. 조명기구 본체

① 기구의 절연저항시험은 [한국]KS C 7603/[일본]JIS C 8106-1999(시설용 형광등기구)에 따른다.

② 기구의 온도상승시험은 [한국]KS C 7603/[일본]JIS C 8106-1999(형광등기구), JIS C 8140-1999(백열등기구), [한국]KS C 8107 /[일본]JIS C 8113-1999 (백열전구용 투광기)에 따른다.

기구 부분의 온도상승기준 (JIS C 8106)

기구의 부분			온도상승 : deg
외부	사람이 만져서 사용하는 부분	금속, 도기류, 유리	25
		기타	40
	사람이 쉽게 만질 우려가 있는 부분	금속, 도기류, 유리	55
		기타	70
	사람이 쉽게 만질 우려가 없는 부분		70
사용중에 사람이 조작하는 손잡이		금속, 도기류, 유리	25
		기타	40
점멸기 손잡이 등의 누름버튼		금속, 도기류, 유리	30
		기타	45
조영재에 접하는 또는 접근하는 부분			60
기구를 놓는 나무대의 표면			60
전원전선			60

2. 조명기구의 내용년수

① 조명기구의 내용년수는 [한국]KS C 8000/[일본]JIS C 8105-1(조명기구)에 따른다.

② 조명기구의 기대수명은 사용시간 · 사용조건(전압 · 온도 · 환경 등)에 따라 다른데, '건축설비의 유지보전과 열화진단'(건축보전센터)에서는 참고로 다음 표를 게재하고 있다.

조명기구의 기대수명[26)]

표준적 사용조건	환경	주위온도	20±15℃
		상대습도	65±20%
		진동	진동이 없을 것
		분위기	분진, 부식성 가스, 가연성 가스, 염분 등이 없을 것
기대수명	사용기간 : 1500h/년 정격전압으로 온도 30℃ 이하		15년
	사용기간 : 3000h/년 정격전압으로 온도 30℃ 이하		10년

콘센트의 탈락

유도등

참 고

1. 콘센트

콘센트의 구조는 JIS C 8303-1993(배선용 콘센트 · 접속기기), JIS C 8306-1996(배선기구의 시험방법), 전기용품취급법에 따른다.

배선용 콘센트 접속기의 규격 (JIS C 8303)

항 목	규 격
온도상승	개폐내구시험 후 다음 값을 만족할 것 날 및 날받이 : 정격전류 15A 이하 300deg 이하
절연저항	개폐내구시험 후 다음 값을 만족할 것 5MΩ 이상
내전압	개폐내구시험 후 다음 값을 만족할 것 2E+1000V : 1분간
유지력	개폐내구시험 후 다음 값을 만족할 것 2P의 경우 : 1~6kgf
내과전류성	접점을 폐로로 한 상태에서 1000A 0.02초 통전하고 각 부위를 점멸한다.
단자부 내히트사이클성	나사 없는 단자에 적용 ① 정격전류 1.5A를 45분 통전, 45분 휴지를 125사이클로 실시 ② 125사이클의 온도상승은 25사이클째의 온도상승에 8℃ 더한 수치 이상일 것
내열성	① 열경화성 수지성형품 : 100℃ 1시간 ② 열가소성 수지성형품 : 80℃ 7시간

2. 조도기준

조도기준은 JIS Z 9110에 따른다. 사무실 및 공장의 조도기준을 다음에 나타낸다.

조도기준 (JIS Z 9110)

조도범위[lx]	사무실	공장
3000~1500		정밀기계, 전자부품제조 등, 매우 섬세한 작업을 하는 곳
1500~750	사무실a, 영업실, 설계실, 현관홀 등	선별, 검사, 분석 등의 섬세한 작업을 하는 곳
750~300	사무실b, 임원실, 회의실, 제어실 등	일반 제조공정 등의 보통 작업
300~150	서고, 강당, 전기실, 엘리베이터, 작업실	거친 작업
150~75	음료실, 휴게실, 갱의실, 창고	매우 거친 작업
75~30	옥내비상계단	짐싣기, 짐내리기, 수하작업

❖ 평가 · 판정 포인트

☞ 조명기구의 내부는 겉보기만으로 판단할 수 없는 열화가 진행되는 경우가 있으므로 주의할 것

☞ 조명기구의 진단은 열화도뿐만 아니라 에너지절약 관점 등 종합적으로 판단하는 것이 필요하다.

☞ 1972년 이전의 안정기로 PCB를 사용한 것에 대한 폐기 · 보관은 'PCB폐기물특별처리법'에 따른다.

1 시험 · 조사방법

사례 15 설비급수배관에서 부식과 열화가 발견됨

목 적

배관용 탄소강 강관의 열화도(부식상태 또는 폐색 정도)를 현지조사와 샘플링으로 진단하여 적절한 보전계획 자료를 얻는 것이 목적이다.

방 법

1. 사전조사

면담에 의한 관리상의 문제점 및 도면 확인, Work through 조사결과 등을 참고로 마무리와 설비의 가동상황에서 조사부위와 진단방법을 결정한다. 열화상황을 정확히 파악하기 위해 각종 배관의 부식이 진행되기 쉬운 부분은 반드시 조사 부위에 포함시키도록 한다.

배관 부식이 진행되기 쉬운 부분

계 통	주요 배관재	부식되기 쉬운 부분
냉온수배관	SGP	지름이 작은 나사가공부(팬코일유닛의 접속배관 등)
		이종금속접속 부위(밸브 등의 접속 부위)
급수배관	SGP	고가수조 주위
	VLP	이종금속접속 부위(양수기나 밸브 등의 접속 부위)
급탕배관	강관	순환펌프 부근, 반탕관
배수관	SGP	횡주관 바닥 부위

SGP : 배관용 탄소강강관 / VLP : 경질염화비닐라이닝강관

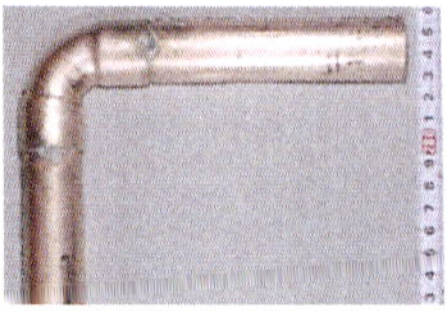

샘플링(외관)

샘플링(내관)

2. 진단방법

진단은 다음 표에 따르는데, 진단대상에 따라 각 진단방법을 적절히 조합시켜 실시한다.

각종 진단방법의 비교

진단방법		방 법	특 징
파괴검사	배관 샘플링	배관을 채취하여 살두께를 측정한다.	① 배관 상태를 육안으로 볼 수 있고 부식량과 녹두께를 실측할 수 있다. ② 배관살두께 감소량을 실측할 수 있다. ③ 복구공사가 필요하다.
비파괴검사	초음파 살두께 측정	초음파를 이용하여 송수신 신호의 시간차에서 측정용 탐식자를 접촉시킨 부분의 관두께를 구한다.	① 배관을 사용하면서 측정할 수 있다. ② 직관부만 유효하며 이음부나 라이닝관에는 적용할 수 없다. ③ 구멍 등과 같이 국소적으로 부식된 부분은 측정할 수 없는 경우가 있다. ④ 두께 1mm 이하의 측정은 정확도가 낮다.
	내시경 관찰	내시경을 청소구 등에 삽입하여 관 내면의 녹이나 스케일 막힘 상태를 관찰한다.	① 관 내면의 상태를 육안으로 확인할 수 있다. ② 카메라나 VTR 촬영이 가능하다. ③ 삽입구의 제한으로 측정범위가 한정적이다.
	X선 촬영	X선 투과촬영으로 관, 이음부, 밸브 등의 녹이나 막힘 상태를 파악한다.	① 배관을 사용하면서 측정할 수 있다. ② 보온재를 제거할 필요가 없다. ③ 부식형태 관찰과 살두께를 측정할 수 있다. ④ 배관의 상태를 필름상으로 확인할 수 있다. ⑤ 촬영시 자격이 필요하다. ⑥ 촬영결과를 판단하기 어려운 경우가 있다. ⑦ 주위의 출입제한이 필요하다.

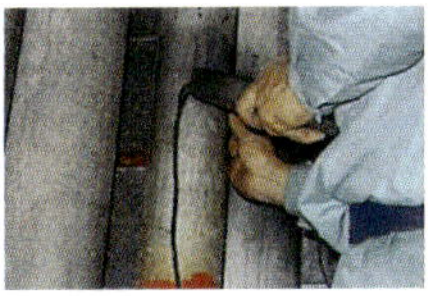

초음파 살두께 측정

X선 촬영장치

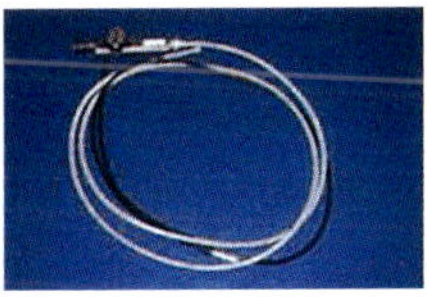

내시경

내시경모니터

❖ 시험 · 조사 포인트

☞ 조사, 진단의 목적을 명확히 하고 조사방법을 결정할 것.

☞ 관을 빼내는 공사 중에는 단수를 하거나 화장실 사용 등을 할 수 없게 되므로 주의할 것.

☞ 초음파는 배관 내부의 부식이 큰 경우와 내부에 비금속 불순물이 있으면 정확히 측정할 수 없는 경우가 있으므로 주의할 것.

☞ 내시경은 급수 · 급탕관 계통과 오수 · 잡배수 계통으로 나누어 사용할 것.

☞ X선 조사중(1~2분)에는 발생기로부터 반경 5m 이내를 출입금지시킨다.

2 평가 · 판정방법

판 정

1. 열화도 판정

배관용 탄소강강관의 평가는 진단결과에 의해 얻어진 잔존 살두께(강도 확보)와 폐색률(유량성능 확보) 조합에 의해 배관종류, 배관경별로 다음 표에 따라 평가한다.

배관용 탄소강강관의 열화판단기준[27]

배관 종류, 구경 \ 계측수치		잔존 살두께			폐색률		
		50% 전후	60% 전후	70% 전후	30% 전후	20% 전후	10% 전후
급수관	대구경(50A 이상)	C	B	A	A	A	A
	소구경(50A 미만)	C	B	B	C	B	A
냉온수관 냉각수관	대구경(50A 이상)	C	B	A	B	B	B
	소구경(50A 미만)	C	B	A	C	B	A
배수관	대구경(50A 이상)	C	B	A	B	B	A
	소구경(50A 미만)	C	B	B	C	B	A

잔존 살두께 : 배관의 계측 살두께/배관의 규격 살두께×100(%)
폐색률 : 배관의 계측 내경/배관의 규격 내경×100(%)

평가시 주의점

① 나사 접합부의 살두께는 직관부의 반으로 한다.
② 계측수치의 최대치를 측정치로 한다.

2. 열화 종합판단

잔존 살두께 등급과 폐색률 등급의 조합에 의해 열화진단의 종합판정을 한다.

배관용 탄소강강관의 열화 종합판단[27]

종합판단	잔존 살두께 등급	A			B			C		
	폐색률 등급	A	B	C	A	B	C	A	B	C
즉시 개수				●			●	●	●	●
N년 후 개수					●	●				
계속 사용		●	●							

종합판단시의 주의점

① N년 후 개수로 판정되었을 경우의 잔존년수 추정은 현재의 열화속도가 직선적으로 증가하는 것으로 가정한다(신축시 또는 이전 개수로부터의 경과년수를 기준으로 한다).
② 배관계통 전체의 판단에는 발취율과 과거의 진단결과 등을 참고로 계통적 수법을 활용한다.

내시경 관찰

주로 배수관의 막힘상태를 시각적으로 관찰한다. 시공주(소유자, 관리자)에게 설명용 자료로 사용된다. 막힘이 심한 배관의 폐색률은 배관을 노출시켜 직접 계측한다.

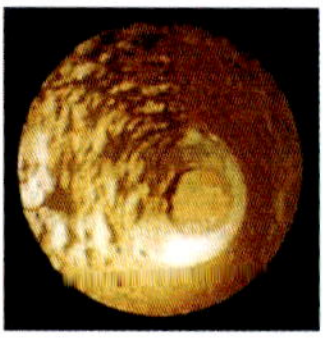

내시경에 의한 영상

X선 필름의 해석

① 미리 측정한 배관의 외형과 필름에 비친 배관의 외형에서 확대율(축소율)을 구한다.
② 확대율(축소율)에서 배관벽의 살두께를 측정한다.
③ 녹과 부착물의 높이를 측정한다.
④ 부식형태(전면부식, 공식)를 분류한다.
⑤ 농도계를 사용하여 살두께 감소량이 적은 곳과 많은 곳을 측정하고, 그 차이에 의해 살두께 감소치를 측정한다.

X선 화상 예(배관바닥의 퇴적물)

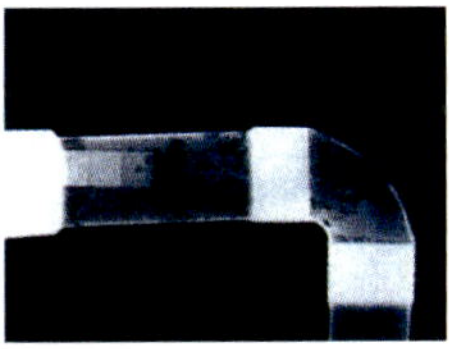
X선 화상 예(이음의 살두께 감소량)

참 고

예비조사(Work through 조사)시 확인사항

예비조사 단계에서는 다음 항목에 대해 육안이나 조작감각으로 열화 정도를 파악한다.

1차 진단항목

진단부위/현상		진단항목 · 방법
1	배관, 이음, 밸브, 기기접속 부위	녹상태, 새는지의 여부, 보온의 열화상태
2	패킹 부위	새는지의 여부
3	밸브	개폐조작 이상의 유무
4	물의 착색	① 토출수의 색[*1]
		② 쿨링타워용수의 오염
		③ 드레인 콕 배출수의 색
5	침전물	수수조 바닥의 침전물과 붉은 녹 상태
6	소리	① 배수 이상의 유무
		② 유수음 이상의 유무
7	기타	트랩의 액면변동 유무

[*1] 육안으로 확인할 수 있는 경우는 철이온농도로 1.0mg/ℓ , 색도로 10도를 넘는 경우가 많다(수도법의 수질기준에 근거한 철이온농도는 최대치 0.3mg/ℓ 및 색도 5도 이하이다).

❖ 평가 · 판정 포인트

☞ 강관이나 스테인리스관 등의 열화도 판단은 재료의 특성과 사용환경, 시공 정도 등을 고려해서 할 것.
☞ 관재의 열화는 특별한 조건에 의해 발생하는 경우가 많아 부분적인 현상으로 전체를 판단할 수 있으므로 가능한 한 많이 계측할 것.
☞ 건축설비에 사용하는 배관재의 종류는 많으므로 재료에 적합한 계측수단을 택할 것.

7장 건축환경진단–음 벽체의 차음성능

1 시험 · 조사방법

사례 16 RC조 집합주택에서 이웃집의 이야기소리가 들림

음원실(음원스피커)

수음측 측정

목 적

건축물의 실과 실 사이의 공기음에 관한 차음성능을 측정하여 현재 차음성능을 평가하고, 대책이 필요할 경우 기초 자료를 얻는 것이 목적이다.

방 법

실간 주요 경로의 실간 음압레벨 차이를 JIS A 1417 '건축물의 공기음 차단성능 측정방법'에 준하여 측정한다.

1. 측정장치

측정장치는 음원장치, 수음장치로 구성된다.

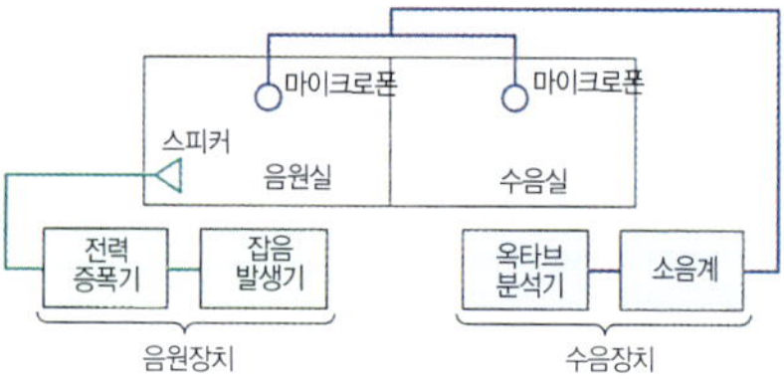

블록다이어그램[28]

수음장치는 JIS C 1502 '보통소음계' 또는 JIS C 1505 '정밀소음계'에서 규정한 소음계와 JIS C 1513 '옥타브 및 1/3옥타브 분석기'에서 규정한 옥타브분석기로 구성된다. 또한 이들과 동등 이상의 성능을 가진 리얼타임 옥타브분석기가 부착된 적분평균형 소음계, 디지털데이터처리기기 등을 이용해도 된다.

2. 측정조건

측정주파수대역은 1옥타브폭으로 하고, 다음의 중심주파수를 가진 6대역으로 한다(63Hz는 참고 데이터로 실시).

☞ 측정주파수대역 : (63), 125, 250, 500, 1K, 2K, 4K(Hz)

3. 음원스피커 설치

음원스피커는 음원실 내에서 균일한 음압분포를 얻을 수 있도록 또한 수음실로 가는 음의 투과면에 음원스피커에서 음이 직접 입사되지 않도록 배려하여 원칙적으로 실내의 모서리 방향을 향해 모서리에 놓는다(오른쪽 그림 참조). 또한 새시 등으로부터의 측로 전반의 영향이 적은 위치로 한다.

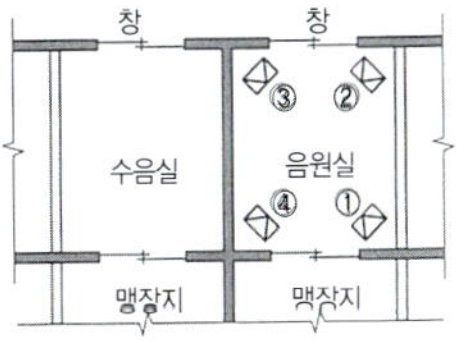

* ③, ④는 부적합한 위치

음원스피커의 설치장소[29]

4. 음압레벨 측정 위치의 설정

음원실 및 수음실 내에서 일정한 분포로 5개의 측정점을 잡는다. 마이크로폰의 높이는 바닥 위 1.2~1.5m로 하고(신 JIS(2000년판)에서는 높이방향도 일정한 분포), 방향은 원칙적으로 상향으로 한다(p.75의 '참고' 참조).

5. 음압레벨 측정

① 음압레벨은 음원실 및 수음실의 각 측정점에서 원칙적으로 1dB 단위로 측정한다.

② 수음실측의 음압레벨 시험발생시와 정지시의 측정지시 차이에 따라 암소음의 영향을 보정한다.

암소음의 영향보정치

지시의 차이	3 미만	3	4	5	6	7	8	9	10 이상
보정치	측정 불능	−3	−2		−1				0

6. 실간 평균 음압레벨 차이의 산출

실간 평균 음압레벨 차이는 다음 식에 의해 구한다.

$$\bar{D}=\bar{L}_1-\bar{L}_2$$

$\bar{D}$: 실간 평균음압레벨(dB)

$\bar{L}_1$: 음원실 내의 평균음압레벨(dB)

$\bar{L}_2$: 수음실 내의 평균음압레벨(dB)

$$\bar{L}=10\log_{10}\left(\frac{1}{n}\sum 10^{\frac{L_i}{10}}\right)$$

$\bar{L}$: 실내 평균음압레벨(dB)

L_i : 측정점 i의 음압레벨(dB)

n : 측정점의 수

❖ 시험 · 조사 포인트

☞ 음원장치는 대역잡음발생기 또는 광대역노이즈발생기와 전력증폭기 및 스피커로 구성된다.

☞ 차음성능 측정은 원칙적으로 실의 평소 사용상태에서 할 것.

☞ 시험음의 레벨은 음원단속시의 수음실내 음압레벨의 변화가 10dB 이상이 되도록 하는 것이 바람직하다.

☞ 측정상의 기본동작으로서 본 측정을 하기 전에 125Hz의 시험용 대역잡음을 사용하는 등 음압분포를 체크할 필요가 있다.

벽체의 차음성능

2 평가 · 판정방법

판 정

차음성능의 판정기준은 '건축물의 차음성능기준과 설계지침 제2판'(일본건축학회)에 의한 D값의 적용등급을 바탕으로 다음과 같은 요령으로 판정한다.

1. 차음등급 구하는 법

중심주파수 125,250,500, 1K, 2K, 4K(Hz)의 1옥타브대역의 음압레벨차이의 측정치를 다음 그림에 기재하고 그 수치가 모든 주파수대역에서 일정 기준을 웃돌 때 그 최대 기준곡선의 호칭방법에 따라 차음등급을 표시한다. 단, 현장 측정 결과에 있어서는 각 주파수대역의 측정치에 2dB을 더할 수 있다.

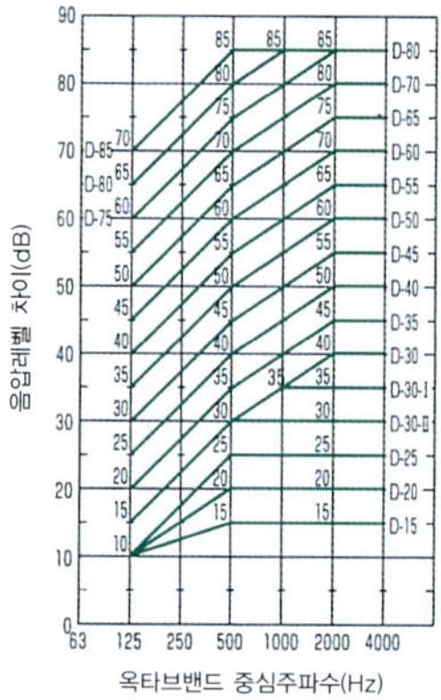

음압레벨 차이에 관한 차음등급의 기준주파수특성[30]

2. 건물 · 실의 용도별 적용 차음등급

건물 · 실의 용도별 차음등급과 측정부위[31]

건축물	용도별	부위	적용 차음등급*			
			특급	1급	2급	3급
집합주택	거실	이웃집과의 경계벽 이웃집과의 경계바닥	D-55	D-50	D-45	D-40
호텔	각 실	각 실의 경계벽 각 실의 경계바닥	D-55	D-50	D-45	D-40
사무소	업무상 프라이버시를 요하는 장소	실간 칸막이벽 각 실간의 경계벽	D-50	D-45	D-40	D-35
학교	일반 교실	실간 칸막이벽	D-45	D-40	D-35	D-30
병원	병실(개실)	실간 칸막이벽	D-50	D-45	D-40	D-35

*적용등급

특급	차음성능이 특히 뛰어나고 특별히 높은 성능이 요구되는 경우의 수준
1급	차음성능이 뛰어나며 일본건축학회가 권장하는 바람직한 수준
2급	차음성능이 표준적이며 일반적인 수준
3급	차음성능이 약간 떨어지며, 어쩔 수 없는 경우에 허용되는 수준

참 고

1. 음압레벨 측정위치

☞ p.73 '방법 4' 참조

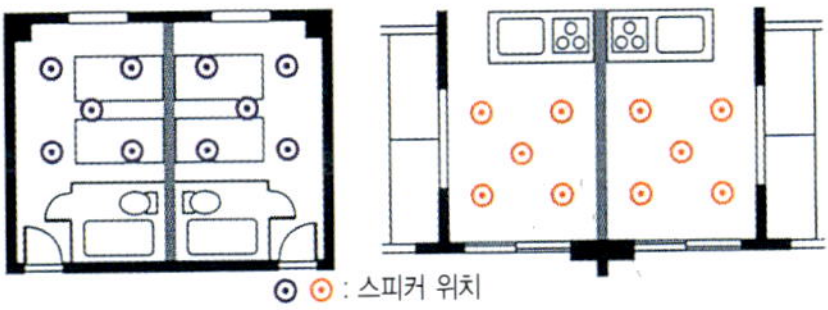

⊙ ⊙ : 스피커 위치

호텔과 각 실 사이 / 집합주택의 이웃집 사이

2. 측정결과

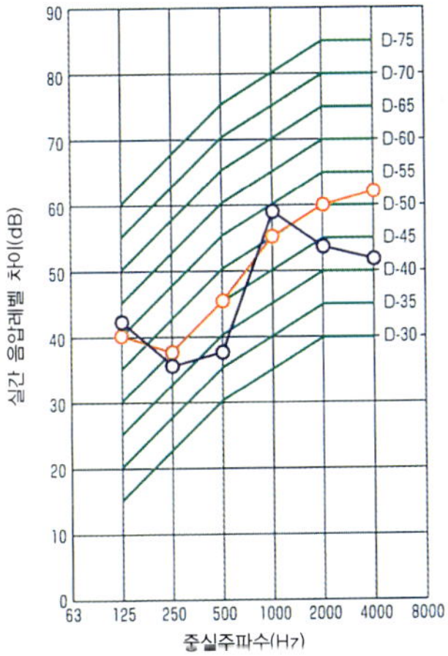

호텔의 각 실 사이와 집합주택의 이웃집 사이의 측정결과 예

○ 호텔의 각 실 사이(콘크리트에 석고보드붙임공법 벽) / D-40(38)
○ 집합주택의 이웃집 사이(박공벽쪽 석고보드붙임공법 벽의 영향 있음) / D-45(45)
주) ( ) 안은 D값(D값을 1dB 스텝으로 표시한 것)

3. 이웃집 · 실간 음압레벨 차이의 향상 대책

건식벽인 경우는 보드를 더 많이 붙이는 방법으로 실시한다.

◆ 평가 · 판정 포인트

☞ 일본건축학회의 음압레벨 차이에 의한 차음등급 D값은 신 JIS(2000년판)의 Dr값에 해당한다.

☞ 측정결과의 옥타브밴드 음압레벨 그림은 가로축에 옥타브밴드 중심주파수, 세로축에 음압레벨을 나타낸다. 단, 각 축의 눈금은 옥타브밴드폭과 10dB폭이 3:4가 되도록 한다.

바닥충격음 차단성능

1 시험 · 조사방법

사례 17 RC조 집합주택에서 위층의 보행음 등이 아래층으로 전해짐

음원실(뱅 머신)

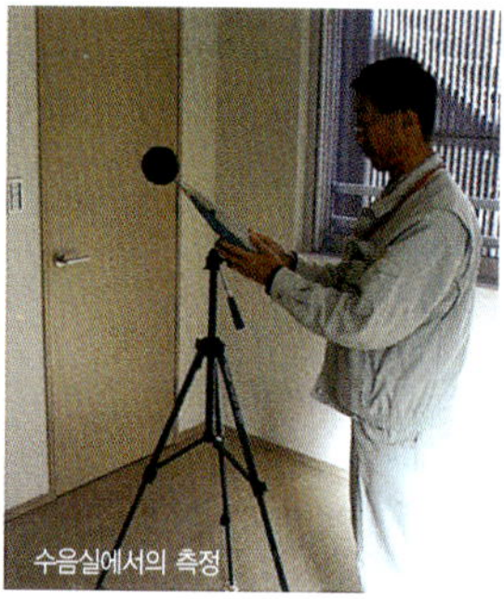
수음실에서의 측정

목 적

주택의 대표적인 실간 바닥충격음 차단성능을 경량충격원과 중량충격원에 대하여 측정하고 현재의 차단성능 평가와 대책이 필요한 경우의 기초 자료를 얻는 것이 목적이다.

방 법

경량충격음은 JIS A 1418-1 '건축물의 바닥충격음 차단성 측정방법-표준경량충격원에 의한 방법', 중량충격음은 JIS A 1418-2 '건축물의 바닥충격음 차단성 측정방법-표준중량충격원에 의한 방법'에 의한다.

1. 측정장치

측정장치는 바닥충격음발생기와 수음장치로 구성된다.

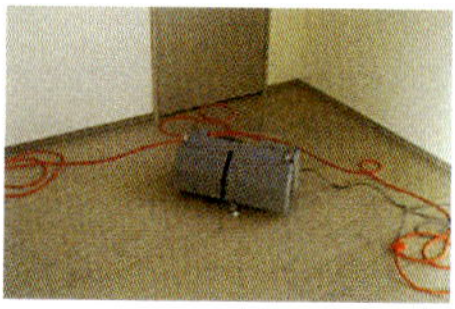
탭핑 머신

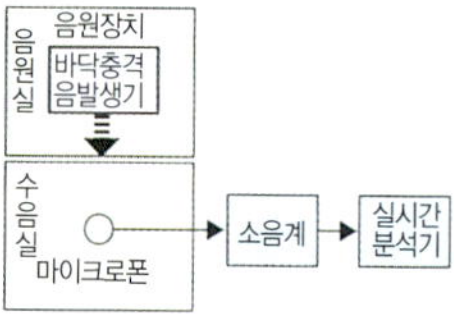

블록 다이어그램

① 바닥충격음발생기는 경량충격원으로 탭핑머신, 중량충격원으로 타이어(뱅 머신)나 공이 이용된다.

② 수음장치

☞ p.72 '방법 1' 참조

2. 측정조건

① 측정은 원칙적으로 실의 평소 사용상태에서 한다.

② 측정은 다음의 중심주파수를 가진 6대역으로 한다.

☞ 경량바닥충격음의 측정 : 63, 125, 250, 500, 1K, 2K, 4K(Hz)

☞ 중량바닥충격음의 측정 : 63, 125, 250, 500(Hz)

3. 바닥충격음발생기의 설치

음원실측의 측정하고자 하는 곳의 바닥 위에서 일정한 분포로 5개의 음원 위치를 정한다(일반적으로 대각선상으로 벽에서 50cm 이상 떨어지며 보 위는 피한다).

4. 수음실에서의 측정위치 설정

수음실의 주벽에서 50cm 이상 떨어지고 측정대상으로 할 바닥 부분의 바로 아래에 일정한 분포로 5개의 측정점을 잡는다. 마이크로폰의 높이는 바닥 위 1.2~1.5m로 하고(신 JIS(2000년판)에서는 높이 방향도 일정한 분포), 방향은 원칙적으로 상향으로 한다.

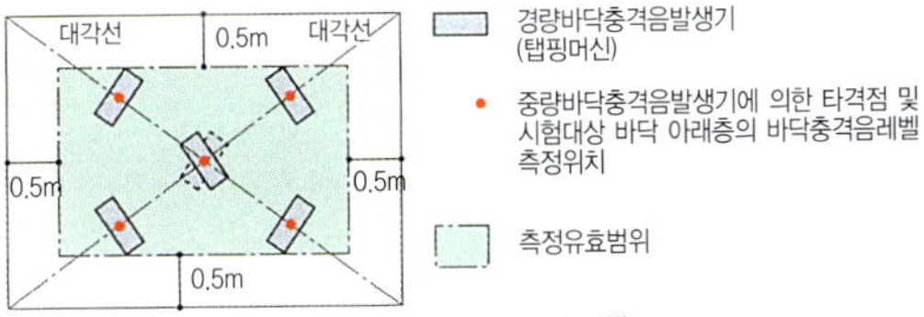

음원위치 및 음압레벨의 측정위치 예[32]

5. 바닥충격음레벨의 측정

① 소음계의 주파수 보정회로는 F특성(평탄)으로 하고 지시계기의 동특성은 Fast를 사용해 지시의 피크 평균치를 1dB단위로 읽는다. 단, 중량충격음의 경우는 각 조건별로 적어도 3회 이상 피크치를 관측해야 한다.

② 암소음의 영향이 보일 경우에는 각 음원위치의 각 주파수별로 바닥충격음 레벨의 측정 직전 암소음레벨을 측정하여 보정한다(p.73의 '방법 5' 참조).

6. 수음실의 바닥충격음레벨 산출

바닥구조의 바닥충격음차단성능을 나타내는 수음실의 바닥충격음 레벨은, 정주파수대역별로 다음 식에 의해 구한다.

$$L = \frac{1}{m}\sum_{j=1}^{m}\bar{L}_j \text{ (dB)}$$

$\bar{L}_j$: 측정점 j에 대한 각 측정점의 바닥충격음레벨 평균치(dB)
m : 음원위치의 수

단, 경량바닥충격음발생기에 의한 바닥충격음레벨은 L_L, 중량바닥음발생기에 의한 충격음레벨은 L_H로 나타낸다.

$$\bar{L}_j = 10\log_{10}\left(\frac{1}{n}\sum_{i=1}^{n}10^{\frac{L_i}{10}}\right)\text{(dB)}$$

L_i : 측정점 i에서의 바닥충격음레벨(dB)
n : 측정점의 수

❖ 시험 · 조사 포인트

☞ 구 JIS와 신 JIS(2000년판)는 측정방법이 약간 다르므로 측정 후의 평가방법도 포함하여 사전에 협의를 할 것.

☞ 중량충격원은 타이어(뱅 머신)와 공이 규정되어 있는데, 과거 데이터와의 호환성에서 종래부터 사용되고 있는 뱅 머신을 권장한다.

☞ 중량충격음발생기(뱅 머신)는 규정 공기압인 것을 측정한다. 이때 실내온도에 맞게 체크한다.

바닥충격음 차단성능

2 평가 · 판정방법

판 정

바닥충격음의 차음성능은 '건축물의 차음성능기준과 설계지침'(일본건축학회)에 의한 L값의 적용 등급을 바탕으로 다음과 같은 요령으로 판정한다.

1. 차음등급 구하는 법

중심주파수 63, 125, 250, 500, 1K, 2K, 4K(Hz)의 1옥타브대역에서의 바닥충격음레벨 측정치를 다음 그림에 기재하고 그 값이 모든 주파수대역에서 일정 기준에 미치지 못할 때 그 최소 기준곡선의 호칭방법에 따라 차음등급을 표시한다. 단, 현장측정결과에서는 각 주파수 대역의 측정치에서 2dB을 뺄 수 있다.

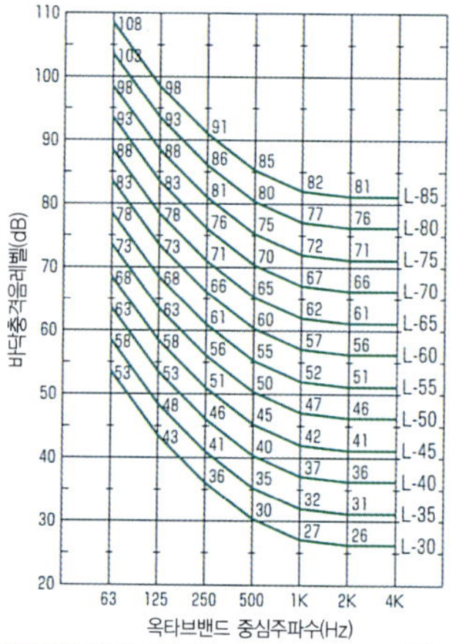

음압레벨 차이에 관한 차음등급의 기준주파수특성[33]

2. 건물 · 실의 용도별 적용 차음등급

바닥충격음레벨에 관한 적용 등급[34]

건축물	용도별	부위	충격원	적용 차음등급*			
				특급	1급	2급	3급
집합주택	거실	이웃집과의 경계바닥	중량충격원	L-45	L-50	L-55	L-60, L-65※
			경량충격원	L-40	L-45	L-55	L-60
호텔	각실	각 실간 경계바닥	중량충격원	L-45	L-50	L-55	L-60
			경량충격원	L-40	L-45	L-50	L-55
학교	일반 교실	교실간 경계바닥	중량충격원	L-50	L-55	L-60	L-65
			경량충격원				

목조, 경량철골조 또는 이와 유사한 구조의 집합주택에 적용한다.

*적용 차음등급

특급	차음성능이 특히 뛰어나고 특별히 높은 성능이 요구되는 경우의 수준
1급	차음성능이 뛰어나며 일본건축학회가 권장하는 바람직한 수준
2급	차음성능이 표준적이며 일반적인 수준
3급	차음성능이 약간 떨어지며, 어쩔 수 없는 경우에 허용되는 수준

참 고

1. 측정결과

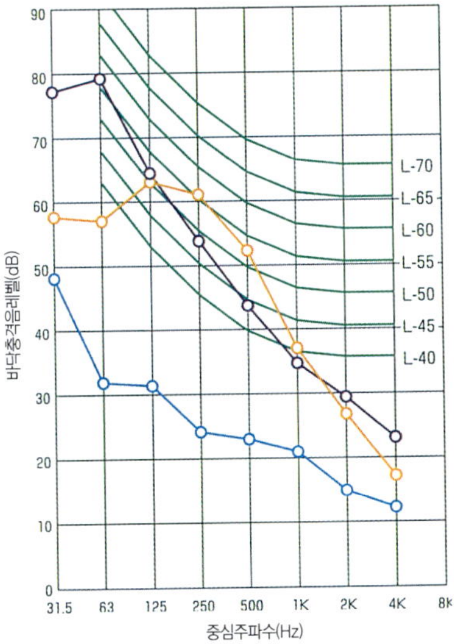

집합주택의 바닥충격음 측정결과 예

○ : 중량충격음레벨/LH-55(56)
○ : 경량충격음레벨/LL-55(56)
○ : 암소음
주) (　) 안은 L수치(L값을 1dB 스텝으로 표시한 것)

중량충격음레벨은 표준적이지만 경량바닥충격음이 약간 큰 편이다. 이중바닥인 경우 잔서의 영향이 고려된다

2. 바닥충격음 차단성능의 향상 대책(예)

경량충격음에 대해서는 직접붙임 플로어링, 건식이중바닥인 경우는 제품의 그레이드 업, 카펫 깔기 등으로 대처할 수 있는데, 중량충격음에 대해서는 골조를 개선하지 않는 한 문제가 해결되기 어렵다.

❖ 평가 · 판정 포인트

☞ '건축물의 차음성능기준과 설계지침'(일본건축학회)의 바닥충격음레벨에 관한 차음등급 L값은 신 JIS(2000년판)의 Lr값에 해당한다.

☞ 평가는 63Hz 이상이지만 중량충격음에서는 31.5Hz도 분석하는 것이 바람직하다.

건축환경진단-음

기타 소음

1 시험 · 조사방법

사례 18 RC조 집합주택에서 바깥에 달리는 전철과 자동차의 소음이 큼

목 적

건축물에 부속된 설비기기부터 실내에서 발생하는 소음과 교통소음, 공장 소음 등 외부로부터 실내에 들어오는 소음을 측정하여 현재의 차음성능을 평가하고 대응책을 강구하기 위한 기초 자료를 얻는 것이 목적이다.

방 법

일본건축학회권장측정기준('건축물의 차음성능기준과 설계지침 제2판')을 바탕으로 측정한다.

1. 측정장치

① 소음계 : JIS C 1502 '보통소음계' 또는 JIS C 1505 '정밀소음계'에서 규정하는 소음계 또는 동등 이상의 성능을 가진 적분평균형소음계 등의 기기를 사용한다.

② 옥타브분석기 : JIS C 1513 '옥타브 및 1/3 옥타브분석기'에서 규정하는 옥타브분석기를 사용한다.

③ 기록기기 : JIS C 1512에서 규정하는 특성을 가진 레벨 리코더 또는 측정기 ①, ②와 측정결과가 같도록 기록기기(녹음기, 디지털데이터처리기기 등)를 사용한다.

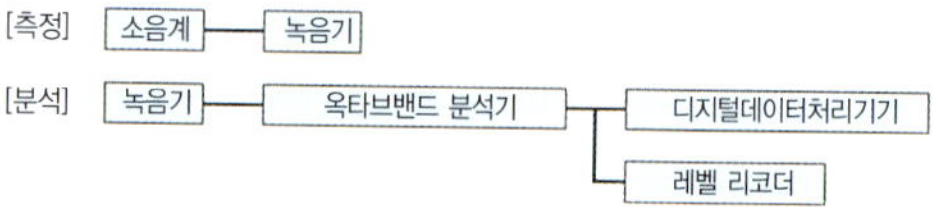

외부소음측정장치의 기본구성[35)]

2. 측정점의 위치

소음 측정은 대상 실의 실내평균음압레벨과 특정 장소의 음압레벨의 두 항목 또는 둘 중 한 항목에 대해서 실시한다.

① 실내평균음압레벨 :

☞ p.75 '음압레벨 측정위치' 참조

② 특정장소 : 소음의 영향을 받는 위치(침대의 헤드 부분 등)

3. 소음레벨, 등가소음레벨 측정

소음계, 적분평균형소음계의 A특성을 이용하여 측정한다. 측정은 외부소음의 측정방법에 준하여 정상소음은 평균치를, 변동소음은 등가소음레벨을, 간헐소음은 대상음이 계속되는 시간 내의 등가소음레벨을, 충격소음은 최대치를 측정한다.

수음측 측정상황

4. 옥타브밴드(등가) 음압레벨 측정

소음계, 적분평균형소음계의 평탄특성을 이용하여 측정하고, 옥타브분석기를 사용해서 다음과 같은 중심주파수별로 측정한다.

☞ 측정주파수대역 : 63, 125, 250, 500, 1K, 2K, 4K(Hz)

5. 지시계기의 특성

측정기의 동특성은 원칙적으로 Fast를 이용한다.

참 고

소음의 분류

① 정상소음 : 레벨 변동이 적어 거의 일정하게 느껴지는 소음으로 일반 공장소음 등

② 변동소음 : 레벨이 불규칙적이거나 연속적으로 큰 범위에 걸쳐 변화하는 소음으로 도로소음 등

③ 간헐소음 : 간헐적으로 발생하며, 지속시간이 몇 초 이상인 소음으로, 철도소음, 항공기소음, 심야의 대형차 1대의 주행소음, 단속적인 소음을 발생하는 기계류를 가진 공장의 소음 등

④ 충격소음 : 1회 소음의 지속시간이 매우 짧은 소음으로, 충격성 음을 발생하는 특수 공장소음 등

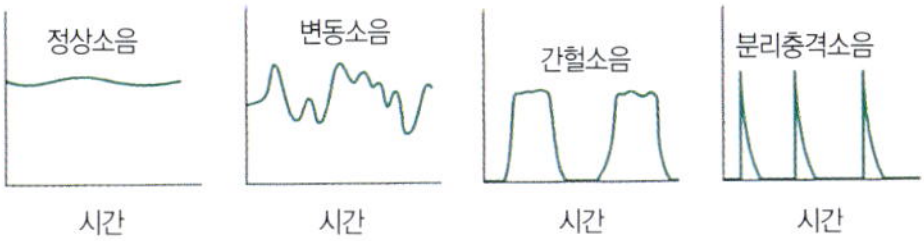

소음의 시간특성에 따른 분류[36)]

❖ 시험 · 조사 포인트

☞ 외부소음은 변동형태의 분류에 따라 각각 측정방법이 다르다. 미리 청취하여 어느 소음으로 분류할 것인지 정하는 것이 중요하다.

☞ 외부소음을 실내에서 레벨 리코더를 이용하여 녹음할 경우 기기류의 가동음이 마이크에 모아지지 않도록 다른 실 등에 설치한다.

☞ 측정 중 소음레벨이 적을 때는 장치의 조작음, 작입자의 동작음이 들이가지 않도록 주의한다.

기타 소음

2 평가 · 판정방법

평 가

차음성능의 판정기준은 '건축물의 차음성능기준과 설계지침 제2판'(일본건축학회)의 실내 소음에 관한 건물 · 실의 용도별 적용등급에 의한다.

실내 소음에 관한 적용등급[37]

건축물	용도별	소음레벨(dBA)		
		1급	2급	3급
집합주택	거실	35	40	45
호텔	객실	35	40	45
사무소	오픈된 사무실	40	45	50
	회의 · 응접실	35	40	45
학교	일반교실	35	40	45
병원	병실(개실)	35	40	45

참 고

수 수조실 바로 위의 거실내 소음 사례

수수조실 내의 가압급수펌프가 가동되었을 때 거실 내에 소음이 전달된 예. 펌프 가동음뿐만 아니라 수 수조에 급수될 때도 높은 주파수소음이 전달되고 있으며, 펌프와 배관류의 방진이 적절하지 않고 고체전파음의 영향에 의한 것.

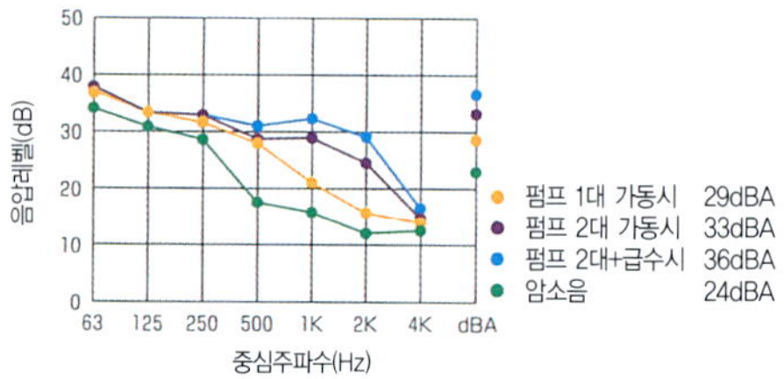

가압급수펌프 가동시의 주파수

설비소음에 관한 소음레벨과 불만의 유무(집합주택)

소음원	측정조건	소음원에서 본 수음실 위치	고체전달음 방지대책	소음레벨 (암소음)	불만의 유무
화장실	배수관 유수시	바로 아래 세대	일부 있음	24(22)	있음
펌프	펌프 가동시	옆으로 윗 세대	있음	26(23)	있음
열원기	가동시(부하 大)	소음원실을 특정할 수 없음	없음	27(21)	있음
	가동시(부하 小)		없음	23(21)	허용
급탕기	가동시	해당 세대	없음	25(20)	있음
자동도어	내측도어 개방시	옆으로 윗 세대	없음	24(19)	있음
	외측도어 개방시		없음	21(19)	허용
엘리베이터	주행시	인접 세대	없음	28(26)	없음
	유압장치 가동시	옆으로 윗 세대	없음	22(20)	없음
변압기	가동시	바로 윗 세대	있음	24(22)	없음
주방급수	급수전 모두 개방시	인접 세대	없음	21(20)	없음
기계주차설비	가로로 이동시	바로 윗 세대	일부 있음	26(23)	없음
	위로 이동시		일부 있음	24(23)	없음
턴테이블	회전시	1층 세대	없음	28(20)	없음
		5층 세대	없음	23(20)	없음

전철의 소음 사례

① 분석은 수록된 테이프를 재생하여 전철 통과시의 피크 소음레벨을 레벨 리코더에 기록해서 읽는다. 읽는 방법은 전철 통과시의 피크 에너지 평균치에 가까운 수치를 읽으면 된다.

② 전철소음은 노선이나 차량의 종류, 속도 등에 따라 소음레벨이 변화되므로 소음레벨의 도수분포를 파악하는 것이 중요하다.

③ 전철의 주파수특성을 분석하여 어느 대역이 주성분이 되고 있는지를 분석한다.

*옥타브음압레벨 표시 : 옥타브음압레벨은 그림으로 표시하는데, 가로축에는 옥타브중심주파수를 잡고 세로축에는 음압레벨을 잡는다. 단, 해당 축의 눈금은 옥타브밴드폭과 10dB폭이 3:4가 되도록 한다. 세대간 실간 음압레벨 차에서의 D곡선, 바닥충격차단성능에서의 L곡선도 마찬가지이다.

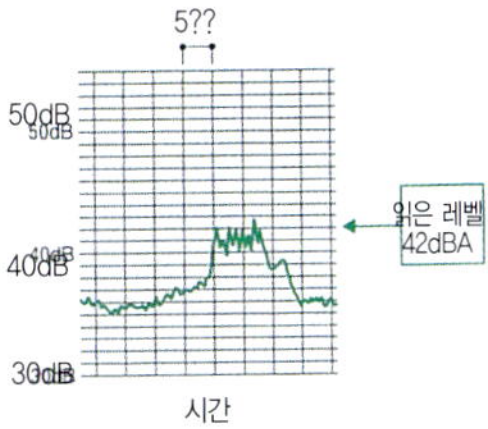

전철 소음레벨 읽는 방법(예)

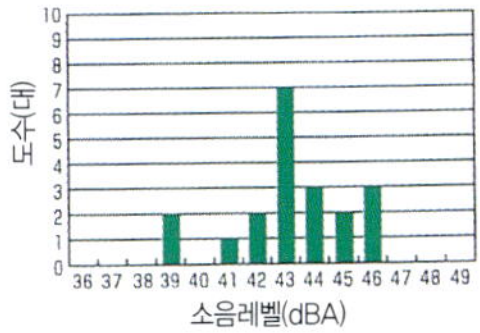

전철 소음레벨의 도수분포예

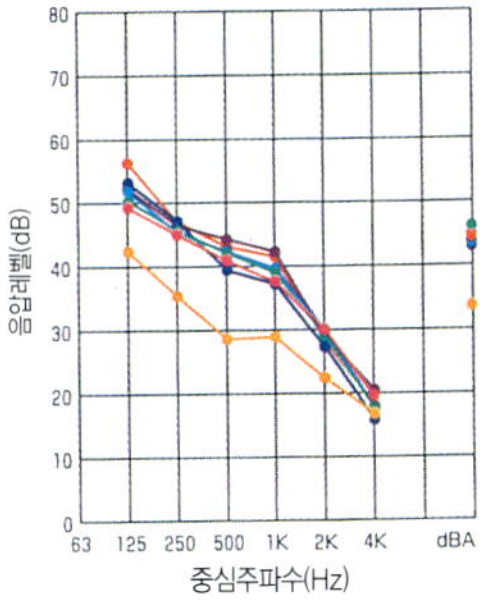

● 은 암소음, 그 외는 전철 통과시의 데이터

전철 소음주파수분석 결과 예

설비소음 저하대책 예

고체전달음이 주성분인 경우가 많으며 진동절연법이 주가 된다.

외부소음에 대한 실내소음레벨 저하대책 예

① 유리를 두껍게 한다.

② 새시의 기밀성을 향상시킨다.

③ 새시를 증설한다.

❖ 평가 · 판정 포인트

☞ 설비소음에 관해서는 소음레벨이 적용 등급을 만족하는 상태라도 불만이 생기는 경우가 있으므로 앙케트 조사나 면담/청취조사를 통해 지적사항 및 의견을 중시하여 들을 필요가 있다.

건물의 진동

1 시험 · 조사방법

사례 19 S조 공장건물이 생산기계 가동시에 진동함

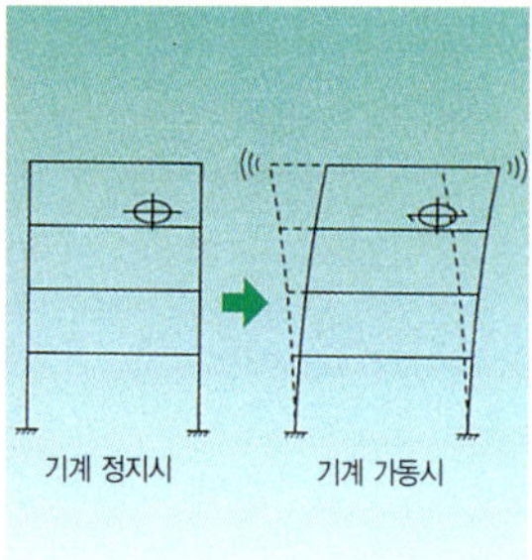

목 적

건물의 진동을 측정하여 현재의 진동환경을 평가하거나 진동저감대책 데이터를 얻는 것이 목적이다.

방 법

1. 진동현상과 가진력의 성질

기계 가동시 건물의 수평방향 진동파형을 측정하여 파형 패턴에 의해 가진력의 성질을 알 수 있다. 같은 기계가 여러 대 있을 경우 groan(주기적으로 소리의 강도가 변하는 현상)놀이 진동을 나타낸다.

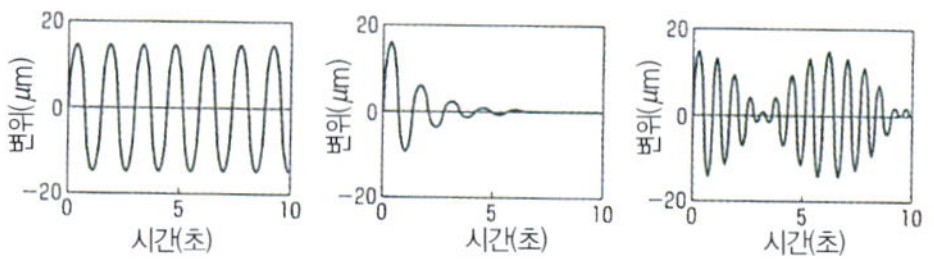

① 정현가진력 →정현진동

② 충격가진력 →감쇠진동

③ 여러 개의 정현가진력 →groan 진동 (∵ 그림은 groan 진동임)

파형의 패턴

2. 기계 가동시 건물의 거동 파악

높이방향의 진동형은 각 층의 동시 측정으로 구한다. 휨진동을 나타내는 경우에는 동일 층에 여러 개의 측정점을 잡는다(박공측 끝 등).

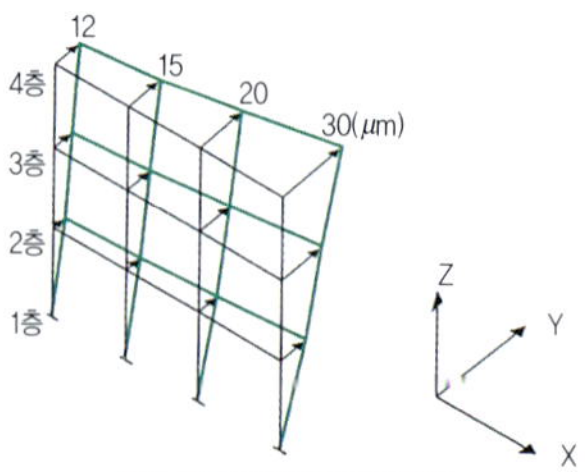

기계 가동시의 진동분포(변위)

3. 건물의 진동특성 파악

고유진동수(f_0), 고유주기($T_0 = 1/f_0$)

① 상시 미진동측정 분석에 의한 방법

기계 정지시 상시 미동측정을 하여 파형의 진동수 분석으로 탁월진동수를 구한다.

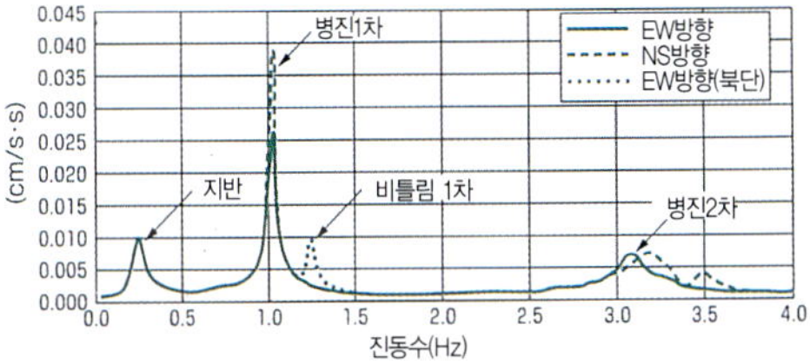

진동수 분석(퓨리에 스펙트럼)

② 강제 가진 후의 자유진동파형에 의한 방법

기계 정지 후의 자유진동파형 또는 인력 가진으로 공진시켜 그 후의 자유진동파형으로 산출한다.

감쇠정수(h)

감쇠정수는 강제 가진 후의 자유진동파형에 의해 구한다.

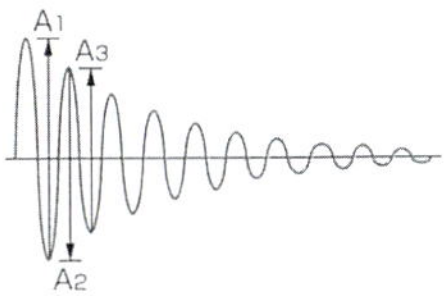

자유진동파형

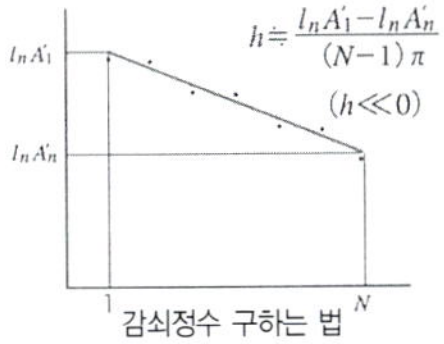

감쇠정수 구하는 법

4. 측정기기(측정 블록다이어그램)

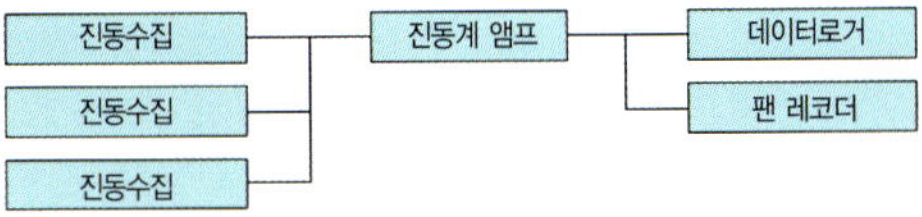

❖ 시험 · 조사 포인트

☞ 기계가 정현가진인 경우는 특히 가진진동수와 건물의 고유진동수의 관계를 아는 것이 중요하다.

☞ 철골조 건물의 경우는 기계 배치와 가구의 강성에 의해 휨진동과 국부적인 진동이 지배적인 경우가 있다. 이 경우에는 측정 포인트를 적절히 추가하여 거동을 입체적으로 파악해야 한다.

☞ 인력가진은 여러 명이 파형 모니터를 감시하면서 리듬을 잡아 실시한다. 1Hz 전후가 맞추기 쉽다.

건물의 진동

2 평가 · 판정방법

평 가

1. 진동저감대책을 위한 분석

가진력의 성질과 진동특성의 관계

① 정현가진의 경우

가진진동수(f)와 건물의 고유진동수(f_0) 관계를 파악한다. 건물의 감쇠정수(h)가 작을수록 공진시 응답진폭이 커진다(공진시의 응답배율 = $1/2h$).

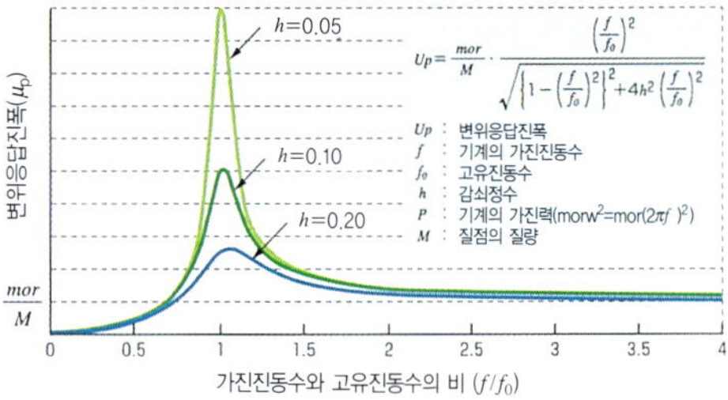

1질점계의 공진곡선(정현가진)

② 충격성의 가진력

충격 후 최대진폭을 일으켜 이후 건물의 고유진동수로 자유감쇠진동을 나타낸다(p.85 참조). 감쇠진동은 진동수가 작은 병진 1차가 지배적이며, 건물의 질량이 클수록 응답진폭이 작다.

진동분포의 탁월성분

건물에는 고유의 진동형이 있으며, 기계 가동시에는 가진력의 성질, 진동수, 기계 배치에 따라 탁월성분이 달라 탁월한 진동형을 파악해야 한다.

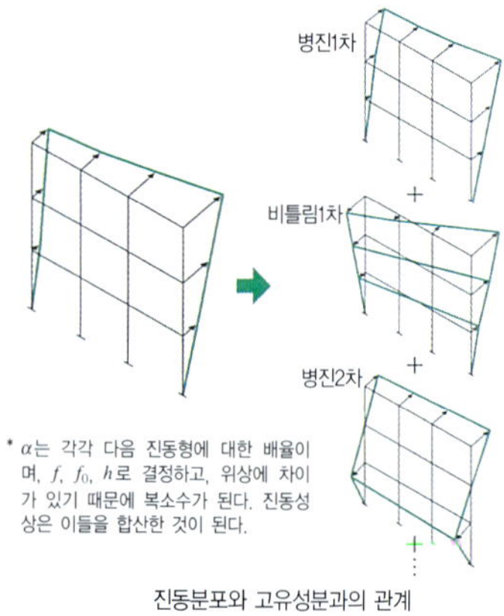

진동분포와 고유성분과의 관계

2. 사람과 정밀기계에 대한 진동평가

☞ p.92~95 참조

참 고

1. 처마높이와 고유주기와의 관계

① 철골조

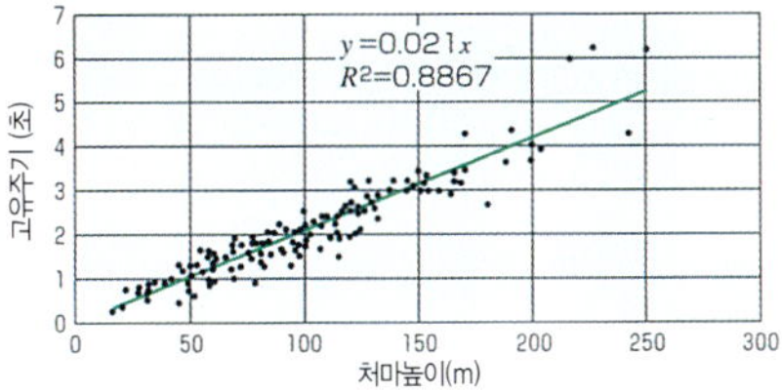

처마높이와 고유주기 실측치(철골조)

② 철근콘크리트조

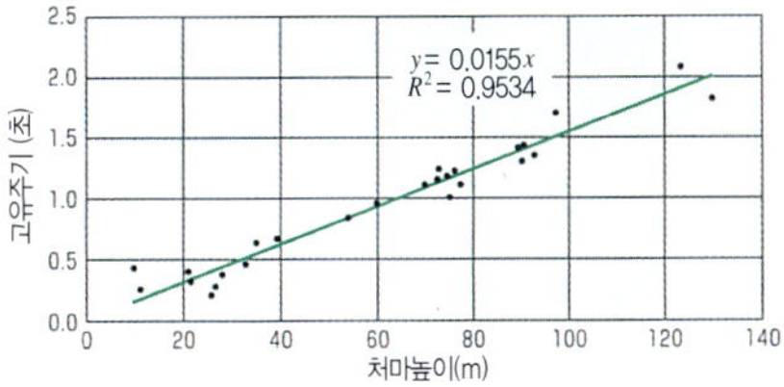

처마높이와 고유주기 실측치(철근콘크리트조)

2. 1차고유주기와 비틀림 고유주기와의 관계

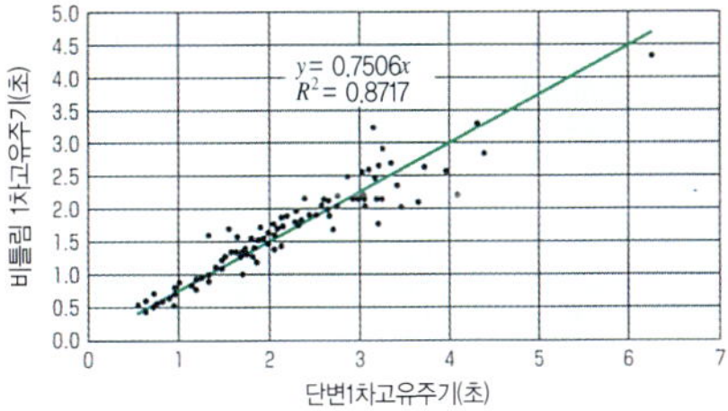

1차고유주기(단변)와 비틀림 고유주기 실측치

❖ 평가 · 판정 포인트

☞ 측정시에는 대상 건물이 공진영역에 있는지, 국부적으로 크게 진동하는 부위가 있는지를 파악할 것.

☞ 특히 감쇠가 작은 S조에서는 공진하면 응답진폭이 매우 커지게 된다. 공진을 회피하는 것이 대책의 포인트이다.

☞ 진동대책에 있어서 가진기계측에서는 가진력, 가진진동수의 조정, 건물측에서는 강성과 질량조정에 의한 고유진동수 개선, 감쇠성능 개선 등을 검토할 것.

바닥슬래브의 진동

1 시험 · 조사방법

사례 20 철근콘크리트조의 바닥슬래브가 보행시 진동함

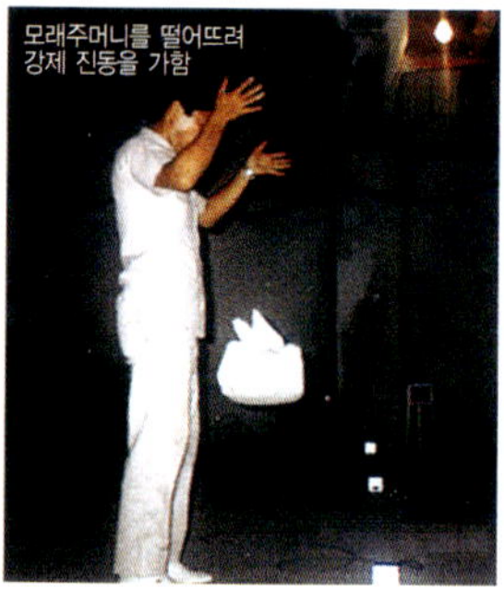

진동 수집(서보형 가진도계)

목 적

진동측정을 하여 현재의 진동환경을 평가하고 바닥슬래브의 탄성거동으로 건전성(강성열화)을 조사하여 그 건물의 적절한 보수 및 유지관리를 위한 판단자료를 얻는 것이 목적이다.

방 법

바닥슬래브의 진동특성을 알아내어 건전성(강성열화)을 판단한다. 또한 바닥슬래브의 진동특성은 강제 가진 후의 자유진동파형으로 구할 수 있다 (p.85 참조).

1. 측정 포인트 설정

다음 그림과 같이 바닥슬래브의 중심을 통과하도록 직교하는 측정선을 만들고 측정선 위에 측정점을 잡아 계측한다. 또한 슬래브의 변장비가 크게 1방향판으로 여겨지는 경우에는 인접한 큰 보에도 측정선을 잡아 계측한다

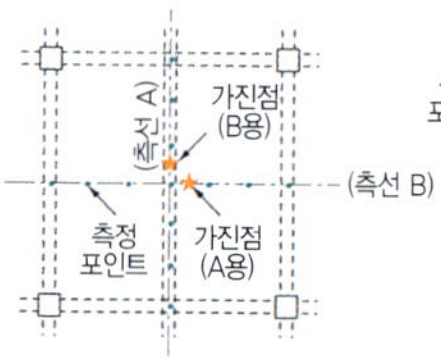

측정포인트(일반적인 경우)

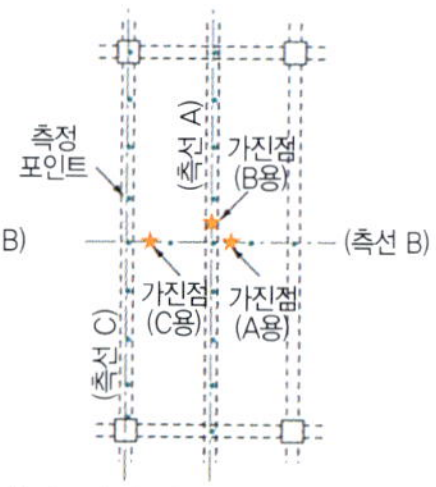

측정포인트(1방향판인 경우)

2. 강제 가진

① 모래주머니 낙하에 의한 강제 가진

슬래브 중앙(각 측정선의 중앙부근)을 가진점으로 하고 10~20kg의 모래주머니를 20~50cm 위치에서 떨어뜨린다. 1방향판인 경우에는 인접한 큰 보 중앙에도 가진점을 잡는다.

② 사람에 의한 가진

가진점에서 사람이 발꿈치를 들고 서 있다가 갑자기 힘을 빼 발꿈치부터 충격력을 가한다.

3. 보행시의 진동측정

슬래브 중앙의 측정선을 따라 보행시의 진동파형을 측정한다. 보행인 수는 실제 집무환경에 맞춘다.

4. 바닥슬래브의 진동특성 파악

① 고유진동수와 감쇠정수

강제가진 후의 자유진동파형으로 구한다. 다음 그림의 파형 사례는 고유진동수(f_0)를 15.0Hz, 감쇠정수(h)를 0.05(5%)로 하여 작성했다(p.83 참조).

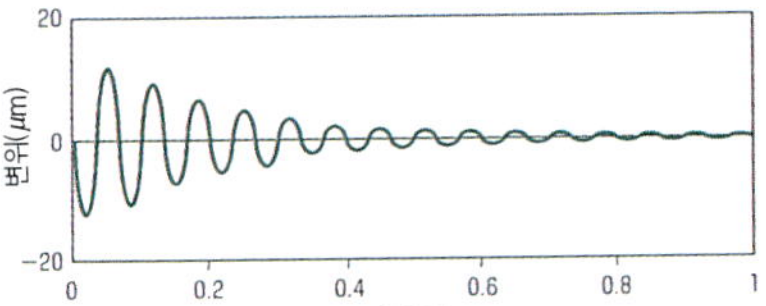

자유진동파형

② 진동형

다음 그림은 각 측정점의 진폭비에서 바닥슬래브의 진동형을 나타낸 것으로 바닥슬래브의 진동방향을 이해하기 쉽도록 나타냈다. 동시측정이 아닌 경우에는 기준측정점을 통해서 환산한다.

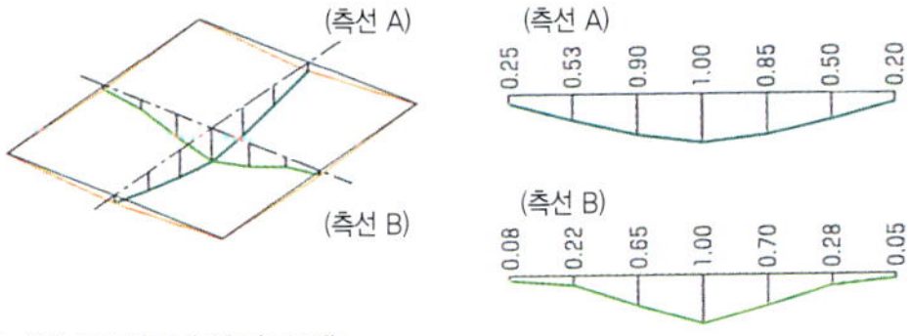

참 고

측정기기(측정블록다이어그램)

☞ p.85 참조

❖ 시험 · 조사 포인트

- ☞ 측정은 동시측정으로 하는 것이 바람직하지만 측정기가 부족할 경우에는 기준측정점을 잡아 여러 회에 나누어 실시한다.
- ☞ 고유진동수와 감쇠정수만을 알고자 하는 경우에는 슬래브 중앙 1곳의 측정으로도 가능하다.
- ☞ 건전성(강성열화)의 상호 우열을 비교할 경우에는 동일 건물 내의 유사조건(치수, 주변조건)의 바닥슬래브에 대해서도 조사할 것.

2 평가 · 판정방법

평 가

1. 바닥강성

고유진동수의 실측치를 건전시의 계산치와 비교하여 판정한다. 계산은 실제 바닥슬래브에 가까운 모델을 택하고, FEM(유한요소법)에 의한 해석으로 구해도 된다.

고유진동수비=측정치/건전시의 계산치

열화도의 구분[38]

구 분	구분 기준
I(없음)	0.90 이상
II(중간)	0.75 이상
III(심각)	0.75 미만

2. 감쇠정수

평가는 유사슬래브와 비교하여 고찰한다. 또한 균열이 있을 경우에는 일반적으로 감쇠성이 낮고 그 외 슬래브형상이나 변장비, 지지상태, 작은 보의 유무, 큰 보의 구조 등과 같은 영향인자가 있다. 감쇠정수는 일반적으로 진동의 시스템이 단순할수록 작다.

3. 진동형

바닥슬래브의 진동형상을 진폭비의 연속성과 주변의 구속조건 관점에서 고찰한다. 진폭비의 불연속성이나 주변의 구속조건이 계산조건과 크게 다른 경우에는 균열의 유무를 확인한다.

4. 건전시의 고유진동수(f_0) 예측

주변의 구속조건 차이에 따른 계산치의 평균치로 한다. 또한 FEM(유한요소법)에 따라 실제 상태에 가까운 모델을 해석했을 경우에는 그 값으로 한다.

$$f_0 = \frac{f_s + f_c}{2}$$

f_0 : 건전시의 고유진동수(Hz)
f_s : 주변지지의 계산치(Hz)
f_c : 주변고정의 계산치(Hz)

5. 사람이나 정밀기계에 대한 진동평가

☞ p.92~95 참조

참 고

1. 고유진동수의 계산법

① 장방형 슬래브의 계산식

주변지지 : $f_s = \frac{\pi}{2 l_x^2}\left(1 + \frac{l_x^2}{l_y^2}\right)\sqrt{\frac{D}{\rho t}}$

주변고정 : $f_c = \alpha \cdot f_s$

l_x : 단변의 길이
l_y : 장변의 길이
t : 두께
D : 휨강성 $\frac{E t^3}{12(1-\nu^2)}$
ν : 푸아송비 $\nu^2 \fallingdotseq 0$
ρ : 밀도(단위체적중량/중력가속도)
α : p.91 그림 ② 참조

② 1방향판의 계산식

양단지지 : $f_s = \frac{\pi}{2l^2}\sqrt{\frac{EI}{A\rho}}$

양단고정 : $f_c = 2.266 f_s$

l : 1방향판의 길이
EI : 휨강성
A : 단면적
ρ : 밀도(단위체적중량/중력가속도)

2. 장방형판의 1차고유진동수 산정

슬래브 두께 t=10cm이며, 밀도 $\rho = 2.4\times10^{-3}/980(\mathrm{kgf/cm^3 \cdot s^2/cm})$인 경우의 계산결과는 그림 ①과 같이 된다.

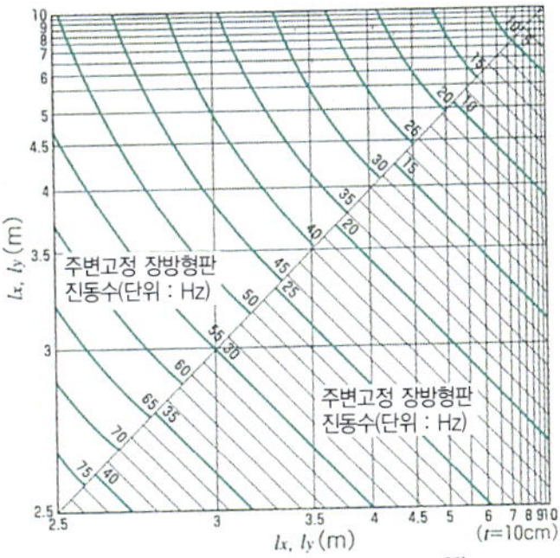

① 장방형판의 1차고유진동수[39]

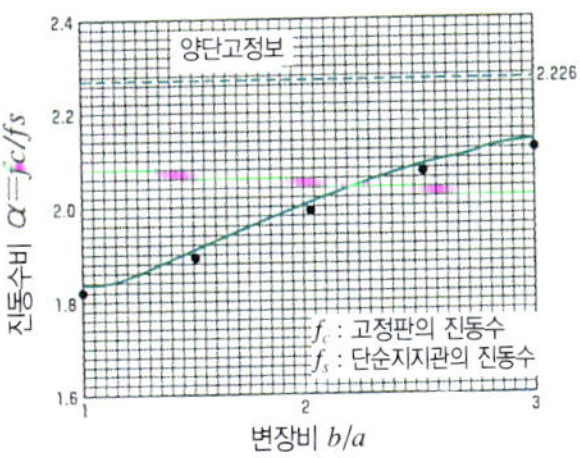

② 고정판의 1차고유진동수를 위한 계수(α)[40]

❖ 평가 · 판정 포인트

☞ 고유진동수를 위의 그림에서 구할 경우에는 슬래브두께에 주의할 것. 그림은 t=10cm인 경우이며, 15cm에서는 1.5배로 한다.

☞ 마찬가지로 마감하중이나 적재하중이 있는 경우에는 질량증가분의 보정으로 [콘크리트 슬래브자중]/[콘크리트 슬래브자중+마감하중+적재하중]의 평방근을 계산하여 얻어진 진동수에 곱해야 한다.

거주성능과 정밀환경

1 시험 · 조사방법

사례 21 미진동이 정밀기기의 동작환경에 악영향을 미침

정밀기기 설치전의 클린 룸 내부

에어샤워 계단

목 적

미진동에 관한 환경평가는 ① 진동을 사람의 감각면에서 평가하는 '거주환경'과 ② 정밀기기에 대한 '정밀환경'으로 분류된다. 각각 평가방법이 다르다. 진동측정은 현재의 진동환경 평가와 진동저감대책 데이터를 얻는 것이 목적이다.

방 법

1. 거주성능 평가

주거, 사무소 및 이와 유사한 바닥슬래브의 진동에 관하여 거주성능을 등급별로 평가한다. 거주성능평가는 진동원에 따라 진동방향과 진동수의 범위가 다르다.

진동원과 진동수의 범위

진동의 원인과 종류	진동방향	진동수 범위
사람의 동작 · 설비진동	수직	3.0~30Hz
교통에 의한 진동	수직	3.0~30Hz
	수평	1.0~30Hz
바람에 의한 진동	수평	0.1~5Hz

2. 정밀환경 평가

정밀기기에 관한 설치환경의 진동허용치는 대상이 되는 정밀기기의 특성에 따른다. 최근의 정밀기기는 허용치가 구체적으로 표시되어 있는 것도 많으며, 단순히 가속도와 변위진폭의 크기뿐만 아니라 진동수와의 관계로 나타내는 것도 많다. 따라서 조사는 정밀기기 설치환경으로서의 평가 진동 제원에 포함하는 방법으로 실시해야 한다. 조사시에는 정밀기계에 악영향을 미칠 것으로 예상되는 요인(다음 항목 참조)을 미리 밝혀 둘 필요가 있다.

① 건물의 평상시 미동 ② 사람의 보행 ③ 주변의 기계
④ 차의 주행 ⑤ 열차의 통과 ⑥ 공조시스템 등

참 고

1. 거주성능 평가시의 측정

평가는 진동수를 분석한 측정결과에 근거하여 실시한다. 바닥 위에서의 실측파형을 1/3옥타브밴드 분석에 의한 가속도의 최대치를 평가곡선과 대조한다. 사용할 측정기기는 대상이 될 진동수 대역에서 평탄한 종합특성을 가진 기기를 사용한다. 또한 실시간 분석기를 사용할 경우에는 시정수 10ms에서의 1/3옥타브밴드 분석으로 가속도를 환산한다.

사용측정기 예[41]

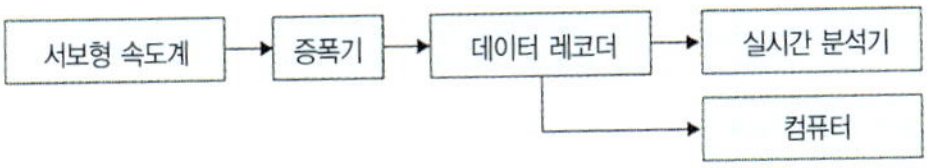

서보형 속도계와 증폭기의 조합사양[41]

	변위	속도	가속도
진동특성	변위(mm), 속도(cm/s), 가속도(cm/s^2) 동시측정		
측정진동수범위	0.25Hz~70Hz		
최대측정범위	100mm	약 10cm/s	1000cm/s^2
최소분해기능	약 1㎛	0.0001cm/s	0.01cm/s^2

2. 정밀환경 평가시의 측정

측정은 정밀기기 설치환경평가의 진동제원에 적합한 진동수 범위(영역)와 감도, 분석기능을 가진 측정기기를 사용한다.

3. 진동 단위

환경진동에서는 물리량을 변위나 가속도로 다루는 경우가 많다.

주요 진동의 단위

항 목		단 위	비 고
주기(T)		초(sec)	
진동수(f)		Hz(헤르츠)	f=1/T
진동의 물리량	변위	cm mm ㎛(마이크로미터)	1㎛=10^{-3}mm
	속도	cm/sec kine(카인)	1kine=1cm/sec
	가속도	cm/sec^2 gal(갈) G	1gal=1cm/sec^2 1G=980gal(G : 중력가속도)
진동가속도레벨(VAL)		dB(데시벨)	기준가속도(10^{-5}m/s^2)에 대한 상대량(1gal=60dB)
진동레벨(VL)		dB(데시벨	VAL치를 감각보정 (진동레벨계)

❖ 시험 · 조사 포인트

- ☞ 진동 수집은 대상 바닥, 대상 포인트에 직접 설치한다.
- ☞ 거주성능평가 측정에서 이미 진동이 체감되는 경우에는 문제가 되는 위치에서 1곳 이상의 측정점을 잡아 실시할 것
- ☞ 진동이 체감되지 않는 경우에는 거주성능에 있어서 진동이 가장 클 것으로 예상되는 위치에서 1곳 이상의 측정점을 잡아 실시할 것

2 평가 · 판정방법

평 가

1. 거주성능 평가

거주환경으로서의 성능을 유지한다는 관점에서 수직 · 수평방향의 평가지침이 '건축물의 진동에 관한 거주성능 평가지침 동해설'(일본건축학회)에 제시되어 있다. 평가곡선의 수치는 각 레벨의 진동이 발생했을 때 몇 %의 사람이 진동을 느꼈는지를 나타낸 것이다. 평가는 1/3옥타브밴드 분석에 의한 가속도의 최대치를 기본으로 하여 1/3옥타브밴드 중심주파수와 각 밴드의 최대치를 그림으로 대조한다.

① 수직진동

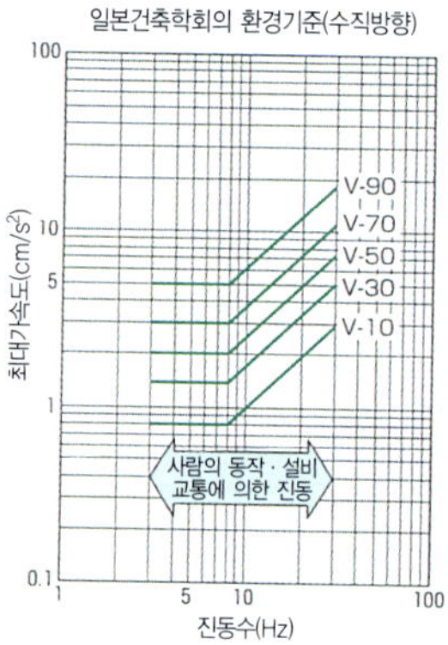

② 수평진동

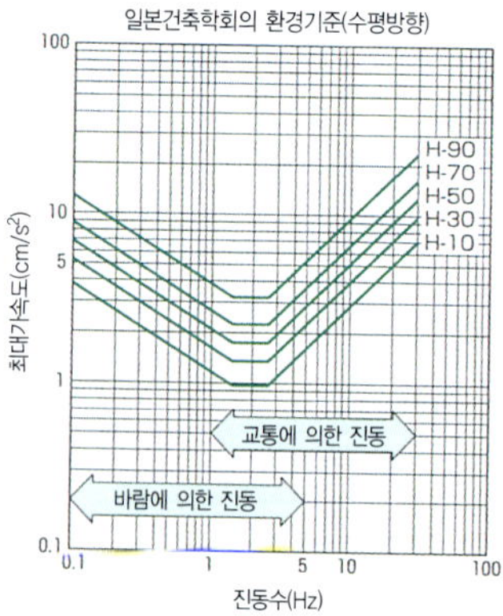

2. 정밀환경 평가

① 시계열파형에 의한 평가
진폭 억제방향 → O-P, P-P, rms(실효치) 등

② 진동수 분석에 의한 평가
정밀기기의 진동허용치는 1gal, 1㎛ 미만의 영역에서 진동수와의 관계로 나타내는 경우가 많다.

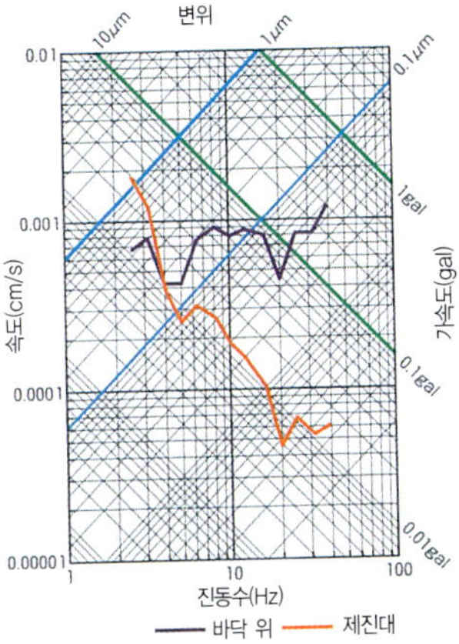

상하진동 1/3옥타브밴드 분석결과
(트리퍼타이트도)

참 고

진동의 환산

① 파형이 정현파인 경우의 변위, 속도, 가속도의 관계

진동수 : f(Hz)

변 위 : D

속 도 : $V = (2\pi f) \times D$

가속도 : $A = (2\pi f) \times V = (2\pi f)^2 \times D$

② 가속도레벨(dB)에서 가속도 $A(f)$(cm/s^2)의 환산

$A(f) = 10^{(Lva(f)/20)} \times 10^{-3}$

$A(f)$: 1/3옥타브밴드 중심주파수 f(Hz)에서의 가속도(cm/s^2)

$Lva(f)$: 1/3옥타브밴드 중심주파수 f(Hz)에서의 가속도레벨(dB)

* 윗 식은 실시간 분석기를 사용해서 충격신호 동특성(시속수 10ms)으로 측정한 가속도 레벨(dB)의 환산식이며, 동특성 Fast(시정수 125ms)로 측정한 가속도 레벨을 환산했을 경우에는 작은 수치가 된다(70% 정도).

❖ 평가 · 판정 포인트

☞ 진동을 느끼는 방향과 불만이 반드시 연계되지는 않지만 건물용도 등 평가대상이 되는 환경에 대해서도 고려할 필요가 있다.

☞ 거주성능 평가시에는 1/3옥타브밴드 분석에 가속도의 최대치(O-P)를 평가의 기본으로 하는데, 그 외의 측정(dB 표시 등)인 경우에는 가속도(cm/s^2)로 환산할 필요가 있다.

☞ 정밀환경 평가는 평가 제원이 되는 진동의 종류(변위, 속도, 가속도)를 반드시 확인한다.

결 로

1 시험 · 조사방법

사례 22 집합주택의 거실 반자 · 벽에 결로가 발생함

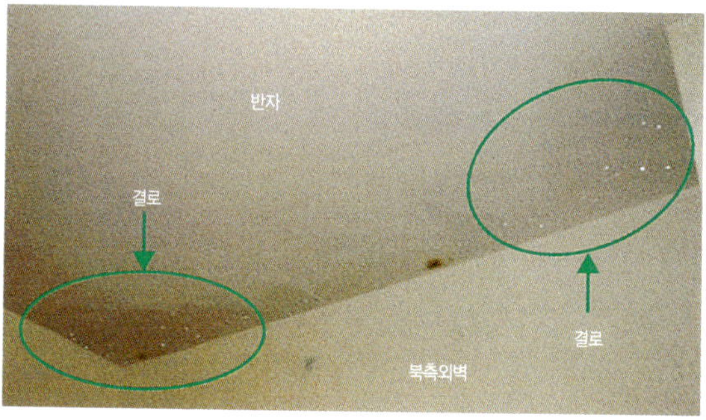

목 적

건물에 발생하는 결로는 겨울철에 발생하는 겨울형 결로와 겨울 외에도 발생하는 여름형 결로로 분류된다. 겨울형 결로는 단열처리가 적절히 되어 있으면 극단적인 사용환경이 아닌 한 그 발생을 억제할 수 있으나, 단열계획이나 시공조건의 차이에 의해 겨울이 되면 반드시 보고되는 불량 중 하나이다. 겨울형 결로에서의 방로성능 진단방법과 적절한 보수 및 유지관리를 위한 판단자료를 얻는 것이 목적이다.

방 법

1. 설계도서 확인

① 단열범위 확인

☞ 외기에 접하는 부위와 그 주변

② 단열시방서 확인

☞ 단열재, 공법, 단열구성

③ 단열성능 확인

☞ 열관류율 산출

④ 공조방식 확인

☞ 공조방식, 설정온습도, 환기방식(개별 난방이나 자연환기의 경우는 현지에서 확인)

2. 현지조사

① 결로범위 확인

☞ 결로장해가 발생한 부위의 특정

② 결로시기 확인

☞ 결로가 발생한 시기, 시간대를 청취조사 등을 통해 명확히 파악하며, 특정지을 수 없는 경우에는 온습도계측(표면온도, 실내온습도, 실외온도 등을 연속적으로 계측)을 실시한다.

③ 단열방식 확인

☞ 설계도서 시방서 확인과 부분 철거에 의한 단열사양 확인

3. 결로시간대 검증

온습도 측정에 의한 결로시간대 검증(예)

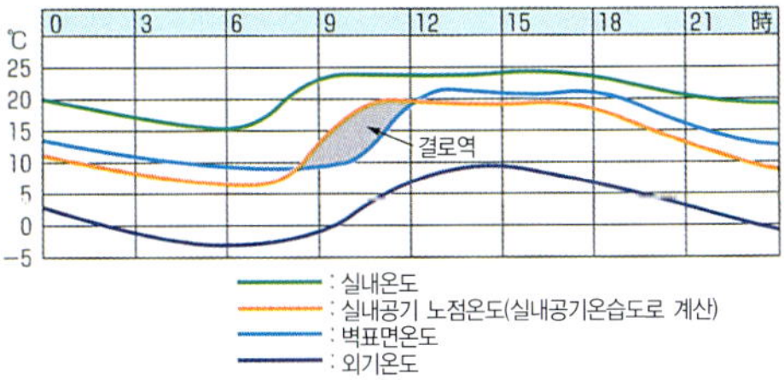

참 고 공적인 단열기준으로서 차세대 에너지절약기준(1999년 건설성 고시 제998호)에 근거한 주택의 단열기준을 다음 표에 나타낸다(결로방지로는 충분한 성능임).

주택의 신 단열기준(철근콘크리트조 등의 내단열)

부 위		열관류율의 기준치(W/m²K)					
지역		I	II	III	IV	V	VI
지붕 또는 반자		0.27	0.35	0.37	0.37	0.37	0.37
다다미		0.39	0.49	0.75	0.75	0.75	1.59
바닥	외기에 접하는 부분	0.27	0.32	0.37	0.37	0.37	–
	그 외의 부분	0.38	0.46	0.53	0.53	0.53	–
봉당 등의 외부둘레*1	외기에 접하는 부분	0.47	0.51	0.58	0.58	0.58	–
	그 외의 부분	0.67	0.73	0.83	0.83	0.86	–

*1 : 1m당 관류하는 열량(W/mK)

都道府縣별 지역구분

지역구분	都道府縣
I	홋카이도
II	아오모리현, 이와테현, 아키타현
III	미야기현, 야마가타현, 후쿠시마현, 토치기현, 니가타현, 나가노현
IV	이바라키현, 군마현, 사이타마현, 치바현, 도쿄도, 카나가와현, 도야마현, 이시카와현, 후쿠이현, 야마나시현, 기후현, 시즈오카현, 아이치현, 미에현, 시가현, 교토부, 오사카부, 효고현, 나라현, 와카야마현, 돗토리현, 시마네현, 오카야마현, 히로시마현, 야마구치현, 도쿠시마현, 카가와현, 에히메현, 고치현, 후쿠오카현, 사가현, 쿠마모토현, 오이타현
V	미야자키현, 카고시마현
VI	오키나와현

* 윗 표는 대구분이며, 더욱 자세한 지역(市 · 町 · 村)으로 구분되어 있다.

❖ 시험 · 조사 포인트

☞ 실내의 온습도를 계측하여 현재 상태를 파악하는 것이 결로진단의 중요한 포인트이다. 현재는 결로진단 전용계측기도 저렴한 가격에 판매되고 있으므로 활용하면 효과적이다.

☞ 결로 전용 계측기는 비접촉식 온도계의 온도값과 노점온도(공기 중의 온도, 습도를 센서로 측정하여 자동계산)를 비교하여 결로 유무를 진단하는 장치

결 로

2 평가 · 판정방법

평 가

1. 방로성능의 판정순서

	조사항목	조사결과		판정
단열범위확인	외기에 접하는 부분과 그 주변이 단열처리되어 있는지 확인	단열처리가 되어 있음	꺾임면도 단열처리되어 있음	A
			꺾임면은 단열처리되어 있지 않음	B
		단열처리되어 있지 않음		C

A, B = ↓

C : 결로대책 필요
B : 한랭지에서는 단열보강을 검토

적용되어 있는 단열재의 성능 확인	최저 외기온에서 실내표면온도가 실내노점온도 이상인지 확인 * 다음 표 '참조'에서 확인 (상세한 것은 개별 계산에 의함)	OK
		OUT

OK = ↓

OUT = 단열보강 필요

단열사양확인	단열재, 공법, 단면구성 확인	RW, GW계의 단열재	실내측에 방습층 있음	○
			실내측에 방습층 없음	×
		상기 외의 우레탄, 스티렌 등	단열재가 골조에 밀착	◎
			단열재와 골조간에 공기층 있음	△

◎ : 양호, ○ : 한랭지 외에는 양호 △ : 내부결로 위험 있음 × : 내부결로 대책 필요
*RW : 록울 / GW : 글라스울

참고 - 표면결로방지상 필요한 단열재 두께(mm)

부위 \ 지역		1월의 평균기온		
		-8~0℃	0~4℃	4℃ 이상
외벽	측면벽	50	30	25
		35	20	17
	일반외벽	30	25	20
		20	17	15
지붕 슬래브		30	25	25
		20	17	20
최하층 슬래브		30	25	-
		20	17	-

상단 : 폴리스티렌폼 / 하단 : 폴리우레탄폼
주) 외벽에 접하는 반침이나 옷장 등은 윗 표의 1.5배

2. 결로 발생에 관한 위험도 판정

설계도서 및 현지 확인에 의해 외벽에 접하는 각실의 난방방식 · 환기방식 및 온습도 상황을 확인하여 결로발생 위험도를 판정한다.

공조방식에 의한 결로발생 위험도 판정

	조사항목	조사결과		판정
공조방식 확인	난방방식 확인 환기방식 확인	공조 있음	정상환기	◎
			수동환기	○
		개별 난방 있음	정상환기	○
			수동환기	△
		비난방실	정상환기	○
			수동환기	×

◎ : 양호　○ : 한랭지 외에서는 양호　△ : 내부결로위험 있음　× : 내부결로대책 필요

참 고

1. 결로의 발생원인

① 벽이나 창과 실내의 온도차가 큰 장소
② 실내 공기에 수분이 많은 장소

2. 벽 · 창과 실내 온도차의 개선책

① 단열성이 좋은 유리를 사용한다(복층유리 등).
② 단열성이 좋은 새시를 사용한다(단열새시, 이중새시).
③ 벽의 단열성능을 향상시킨다(경질우레탄폼 부착, 발포플라스틱 보온판 붙임, 단열모르타르 바름).

3. 결로 발생 저감을 위해 건물 사용자에 대한 어드바이스

① 세탁물을 실내에서 말리지 않는다.
② 목욕탕 사용시에는 환기팬을 돌린다.
③ 목욕탕의 환기팬을 24시간 돌린다.
④ 제습기나 에어컨으로 수분을 제거한다.

❖ 평가 · 판정 포인트

☞ 건축 본체의 열화요인이 되는 내부 결로 외에는 결로가 발생할 것으로 판정된 경우라도 '결로에 의한 피해'가 없으면 문제되지 않는 경우도 있다.
☞ 닦아낼 수 있는 부재와 결로수의 신속한 배출 등 미리 결로 발생을 예측하여 설계된 부위 · 재료도 있으므로 시방서를 검토한다.

8장 내진진단–구조체 철근콘크리트조

1 시험 · 조사방법

사례 23 신내진설계 이전에 건설된 RC조 건물의 필로티가 지진으로 붕괴됨

필로티 기둥의 파괴

목 적

현재의 내진진단기법을 이용하여 건물의 내진성능을 파악함과 동시에 내진보강계획의 판단자료를 얻는 것이 목적이다.

방 법

1. 내진진단기준, 지침 등에 의한 방법

일반적으로 '기존 철근콘크리트조 건축물의 내진진단기준 동해설(2001년 개정판)'(일본건축방재협회)에 의한 진단법이 채용되고 있다(p.101 '참고' 참조). 제1차~제3차까지의 진단법이 있으며, 진단 차수가 높아질수록 산정법이 자세하고 정확도도 높다.

RC조 · 제1차~제3차 진단법

제1차 진단법	건물 중량 및 기둥, 벽의 단면적에서 약산되는 각 층의 종국강도에 의해 내진성능을 평가하는 방법으로 벽이 많은 건물에 적합하다.
제2차 진단법	보 등의 수평부재는 강강(剛强)으로 가정하고, 기둥, 벽의 수직부재의 종국강도 및 파괴형식, 인성 등으로 내진성능을 평가하는 방법으로, 인성이 높은 라멘구조를 가진 건물에 적합하다.
제3차 진단법	보 등의 수평부재도 반영시켜 프레임의 항복형식, 벽의 기초회전도 고려하여 보유내력을 산출하며, 건물의 특성이 제2차 진단법보다 더욱 상세하게 검토되는 방법이다.

* 윗 표는 대구분이며, 더욱 자세한 지역(市 · 町 · 村)으로 구분되어 있다.

2. 보유수평내력을 산출하는 방법

현재의 설계기준에 준함과 동시에 해당 건물의 보유수평내력(Q_u)을 산출하고, 필요보유수평내력(Q_{un})과의 비교로 내진성능을 판단한다.

보유수평내력(Q_u) ≧ 필요보유수평내력(Q_{un})

3. 지진응답해석을 하는 방법

해당 지반에서의 예상지진파에 의한 응답해석 등 상세한 진단이 가능하다. 내진보강으로서 면진공법과 제진공법을 채용할 경우에는 이 방법으로 검토한다.

참 고

'기존 철근콘크리트조 건축물의 내진진단기준 동해설'(일본건축방재협회)에 의한 진단방법

① 구조체의 내진성 판정은 해당 건물에서 얻어진 구조내진지표와 구조내진판정지표의 비교로 한다.

구조내진지표(I_s) ≧ 구조내진판정지표(I_{so})

I_s : 해당 건물에서 얻어진 구조내진지표

I_{so}: 필요로 하는 구조내진지표

② 구조내진판정지표(I_{so})는 층의 위치 및 방향에 상관없이 다음 식에 의해 구한다.

$I_{so} = E_s \times Z \times G \times U$

E_s : 내진판정기본지표

E_s = 0.8 : 1차 진단용

E_s = 0.6 : 2차 진단용

E_s = 0.6 : 3차 진단용

Z : 지역지표(건축기준법의 지역계수를 이용해도 됨)

G : 지반지표(일반적인 경우 1.0, 절벽지 등은 별도의 규정)

U : 용도계수(통상의 경우 1.0, 중요도로 별도 규정)

③ 진단대상건물의 구조내진지표(I_s)는 각층의 보 사이 및 보의 각 방향에 대해 다음 식으로 산정한다.

$I_s = E_0 \times S_D \times T$

E_0: 보유성능기본지표

S_D: 형상지표(건물형상이나 강성분포에 의한 보정계수)

T : 경년지표(건물의 경년변화에 의한 보정계수)

④ 보유성능기본지표(E_0)는 건물의 강도와 파괴형식 및 인성을 바탕으로 방향별, 층별로 산출한다.

$E_0 = f(C, F, n, i)$

C : 강도지표(건물 또는 부재의 보유강도를 대상층보다 위의 중량으로 나눈 값(보유전단력계수))

F : 인성지표(부재의 변형능력을 나타내는 지표)

n : 건물 층수

i : 대상으로 하는 층(1층 = 1, 최상층 = n)

❖ 시험 · 조사 포인트

☞ 내진진단시에는 설계도서의 유무가 중요하며 특히 구조도는 진단에 반드시 필요하다. 구조도가 없을 경우에는 새로 작성한다. 건축설계도는 기둥스팬, 층고, 마감재 확인, 열화상황을 파악하는 데 필요하며, 그 외의 설계도서(구조계산서 등)는 제2, 3차 진단의 참고자료가 된다.

☞ 제1차 진단법은 벽이 많은 건물에 유효하며, 순수라멘구조나 벽이 적은 건물에는 결과가 과소평가될 우려가 있으므로 제2차 진단법을 댁한다.

철근콘크리트조

2 평가 · 판정방법

판 정

'기존 철근콘크리트조 건축물의 내진진단기준 동해설(2001년 개정판)' (일본건축방재협회)에 의한 방법

RC조 · 제1차~제3차 진단에 의한 판정방법

	예상되는 지진에 대해 소요 내진성능을 확보하고 있음	내진성에 문제 있음
제1차 진단법	$I_S \geq I_{SO}$	그 외
제2차 진단법 제3차 진단법	$I_S \geq I_{SO}$ 또는 $C_{TU}S_D \geq 0.3 \times Z \times G \times U$	그 외

I_S : 해당 건축물에서 얻어진 구조내진지표(각 방향의 층수별 값) I_{SO} : 필요로 하는 구조내진지표
C_{TU} : 구조물의 종국한계에서의 누적강도지표 S_D : 형상지표 Z : 지역지표 G : 지반지표 U : 용도계수

참 고

1. 내진진단 · 보강계획

내진진단성능 표(예 : 현재상태)

현재상태 X방향(2차 진단)						$I_{SO}=0.60,\ C_T-S_D \geq 0.30$		
층	C	F	E_0	S_D	T	I_S	C_T-S_D	판정
7	2.088	1.000	1.193	0.792	0.990	0.930	0.870	OK
6	1.137	0.800	0.560	0.880	0.990	0.480	0.590	NG
5	0.906	0.800	0.483	0.880	0.990	0.420	0.510	NG
4	0.665	0.800	0.387	0.880	0.990	0.330	0.420	NG
3	0.549	0.800	0.352	0.880	0.990	0.300	0.390	NG
2	0.831	1.000	0.739	0.880	0.990	0.640	0.660	OK
1	0.736	1.000	0.736	0.880	0.990	0.640	0.640	OK

내진진단성능 표(예 : 보강 후)

현재상태 X방향(2차 진단)						$I_{SO}=0.60,\ C_T-S_D \geq 0.30$		
층	C	F	E_0	S_D	T	I_S	C_T-S_D	판정
7	2.088	1.000	1.118	0.792	0.990	0.930	0.870	OK
6	1.196	1.000	0.736	0.880	0.990	0.641	0.623	OK
5	1.108	1.000	0.738	0.880	0.990	0.643	0.628	OK
4	1.023	1.000	0.744	0.880	0.990	0.648	0.661	OK
3	0.929	1.000	0.743	0.880	0.990	0.647	0.669	OK
2	0.831	1.000	0.739	0.880	0.990	0.644	0.662	OK
1	0.736	1.000	0.736	0.880	0.990	0.641	0.647	OK

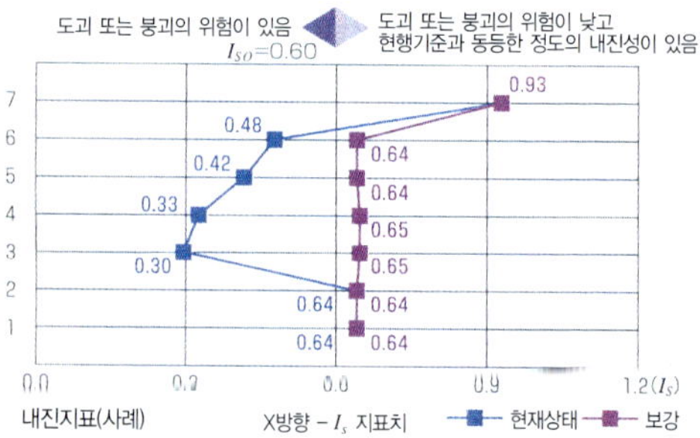

2. 제1차 진단법에 이용되는 형상지표 (S_{D1})

각 항목의 G값, R값(제1차 진단법용)[42]

항목			G_i(등급)			R(렌즈조정계수)
			1.0	0.9	0.8	R_{1i}
평면형상(P)	a	정형성	정형 $_{a1}$	거의 정형 $_{a2}$	부정형 $_{a3}$	1.0
	b	변장비	$b \leqq 5$	$5 < b \leqq 8$	$8 < b$	0.5
	c	잘록함	$0.8 \leqq c$	$0.5 \leqq c < 0.8$	$c < 0.5$	0.5
	d	익스팬션 조인트[*1]	$1/100 \leqq d$	$1/200 \leqq d < 1/100$	$d < 1/200$	0.5
	e	오픈스페이스	$e \leqq 0.1$	$0.1 < e \leqq 0.3$	$0.3 < e$	0.5
	f	오픈스페이스의 편재	$f_1 \leqq 0.4$ 또는 $f_2 \leqq 0.1$	$f_1 \leqq 0.4$ 또는 $0.1 < f_2 \leqq 0.3$	$0.4 \leqq f_1$ 또는 $0.3 < f_2$	0.25
단면형상(S)	h	지하실 유무	$1.0 \leqq h$	$0.5 \leqq h < 1.0$	$h < 0.5$	1.0
	i	고층의 균등성	$0.8 \leqq i$	$0.7 \leqq i < 0.8$	$i < 0.7$	0.5
	j	필로티의 유무	필로티 없음	모두 필로티	필로티 편재	1.0

* 제1차 진단법 지표 산출식

$S_{D1} = q_1a \times q_1b \times \cdots q_1j$

$q_1i = (1 - (1 - G_i) \times R_{1i})$ ············ $i = a, b, c, d, e, f, l, j$

$q_1i = (1.2 - (1 - G_i) \times R_{1i})$ ········· $i = h$

3. 제1차 진단법에 이용되는 경년지표 (T_1)

다음 표의 T값 중 가장 작은 값을 택한다.

각 항목의 T값(제1차 진단법용)[43]

조사항목	정 도	T 값	2차 조사 관련항목
변형	① 건물의 경사 또는 뚜렷한 부동침하	0.7	구조균열 · 변형
	② 지반이 매립지 또는 논이었던 곳	0.9	
	③ 기둥 · 보의 변형이 육안으로 확인	0.9	
	④ 상기 이외	1	
벽 · 기둥의 균열	① 누수나 철근의 녹	0.8	구조균열 · 변형
	② 기둥이 약간 균열된 것을 육안으로 확인	0.9	
	③ 외벽에 다수의 균열	0.9	
	④ 누수는 있지만 철근의 녹은 없음	0.9	
	⑤ 상기 이외	1	
화재경험	① 흔적 있음	0.7	구조균열 · 변형 · 변질 · 노후화
	② 화재 경험 있지만 흔적은 보이지 않음	0.8	
	③ 없음	1	
용도	① 화학약품 사용 경험 있음 또는 현재사용중	0.8	변질 · 노후화
	② 상기 이외	1	
건축년수	① 30년 이상	0.8	변질 · 노후화
	② 20년 이상	0.9	
	③ 20년 미만	1	
마감상태	① 노후화에 의한 심한 외부박리	0.9	변질 · 노후화
	② 내부에 심한 변질, 박리	0.9	
	③ 문제 없음	1	

❖ 평가 · 판정 포인트

☞ 평가에서는 ① 건물의 특징(벽량의 다소, 평면 · 단면형상의 복잡함), ② 건물의 약점 유무(필로티, 지극한 단주, 벽 위치의 편재, 연속벽의 비연속층, 층고의 큰 변화 등), ③ 각 층별 I_s치의 분포상태, ④ 방향(X, Y)에 의한 I_s치의 차이에 주의한다.

☞ 제1차 진단법은 간편한 방법이지만 내진벽이 많고 강도가 큰 건물을 선출하는 방법으로, 이에 의해 내진성이 확실해진 건물은 지진력에 대해서도 충분한 강도를 가지는 것으로 볼 수 있다.

철골철근콘크리트조

1 시험 · 조사방법

사례 24 신내진설계 이전에 건설된 SRC조 건물이 지진으로 붕괴됨

파손된 SRC조 건물 주각의 파괴

목 적

현재의 내진진단기법을 이용하여 건물의 내진성능을 파악함과 동시에 내진 보강계획의 판단자료를 얻는 것이 목적이다.

방 법

1. 내진진단기준, 지침류에 의한 방법

일반적으로 '기존 철근콘크리트조 건축물의 내진진단기준 동해설(1997년 개정판)' (일본건축방재협회)에 의한 진단법이 채용되고 있다(p.105 '참고' 참조). 기존 철골철근콘크리트 기둥은 내장하는 철골의 형식에 따라 충복형과 비충복형(격자형, 래티스형)으로 분류되는데, 부재 종별마다 강도지표와 인성지표를 구함으로써 기존 철근콘크리트구조진단의 경우와 마찬가지로 산정한다.

SRC조 · 제1차~제3차 진단법

제1차 진단법	건물 중량 및 기둥, 벽의 단면적에서 약산되는 각 층의 종국강도에 의해 내진성능을 평가하는 방법으로 벽이 많은 건물에 적합하다.
제2차 진단법	보 등의 수평부재는 강강(剛强)으로 가정하고 기둥, 벽의 수직부재의 종국강도 및 파괴형식, 인성 등으로 내진성능을 평가하는 방법으로, 인성이 높은 라멘구조를 가진 건물에 적합하다.
제3차 진단법	보 등의 수평부재도 반영시켜 프레임의 항복형식, 벽의 기초회전도 고려하여 보유내력을 산출하며, 건물의 특성이 제2차 진단법보다 더욱 상세하게 검토되는 방법이다.

* 윗 표는 대구분이며, 더욱 자세한 지역(市 · 町 · 村)으로 구분되어 있다.

2. 보유수평내력을 산출하는 방법

현재의 설계기준에 준함과 동시에 해당 건물의 보유수평내력(Q_u)을 산출하고, 필요보유수평내력(Q_{un})과의 비교로 내진성능을 판단한다.

보유수평내력(Q_u) ≧ 필요보유수평내력(Q_{un})

3. 지진응답해석을 하는 방법

해당 지반에서의 예상지진파에 의한 응답해석 등 상세한 진단이 가능하다. 내진보강으로서 면진공법과 제진공법을 채용할 경우에는 이 방법으로 검토한다.

참 고

'기존 철골철근콘크리트조 건축물의 내진진단기준 동해설(1997년 개정판)' (일본건축방재협회)에 의한 방법

① 구조체의 내진성 판정은 해당 건물에서 얻어진 구조내진지표와 구조내진판정지표의 비교로 한다.

구조내진지표(I_s) ≧ 구조내진판정지표(I_{so})

I_s : 해당 건물에서 얻어진 구조내진지표

I_{so} : 필요로 하는 구조내진지표

② 구조내진판정지표(I_{so})는 층의 위치 및 방향에 상관없이 다음 식에 의해 구한다.

$$I_{so} = E_s \times Z \times G \times U$$

E_s : 내진판정기본지표

$E_s = 0.8$: 1차 진단용

$E_s = 0.6$: 2차 진단용

$E_s = 0.6$: 3차 진단용

Z : 지역지표(건축기준법의 지역계수를 이용해도 됨)

G : 지반지표(일반적인 경우 1.0, 절벽지 등은 별도 규정)

U : 용도계수(통상의 경우 1.0, 중요도로 별도 규정)

③ 진단대상건물의 구조내진지표(I_s)는 각층의 보 사이 및 보의 각 방향에 대해 다음 식으로 산정한다.

$$I_s = E_0 \times S_D \times T$$

E_0 : 보유성능기본지표

S_D : 형상지표(건물형상이나 강성분포에 의한 보정계수)

T : 경년지표(건물의 경년변화에 의한 보정계수)

④ 보유성능기본지표(E_0)는 건물의 강도와 파괴형식 및 인성을 바탕으로 방향별, 층별로 산출한다.

$$E_0 = f(C, F, n, i)$$

C : 강도지표(건물 또는 부재의 보유강도를 대상층보다 위의 중량으로 나눈 값(보유전단력계수))

F : 인성지표(부재의 변형능력을 나타내는 지표)

A_i : 층전단력계수의 높이방향 분포, 건축기준법시행령에 따름

❖ 시험 · 조사 포인트

☞ 내진진단시에는 설계도서의 유무가 중요하며, 특히 구조도는 진단에 반드시 필요하다. 구조도가 없을 경우에는 새로 작성한다. 건축설계도면은 기둥스팬, 층고, 마감재 확인, 열화상황을 파악하는 데 필요하며, 그 외의 설계도서(구조계산서 등)는 제2, 3차 진단의 참고자료가 된다.

☞ 내장철골의 종류와 형상(충복형, 비충복형(격자형, 래티스형), 방향성의 확인은 내력 산정상 중요하며, 설계도서에 의해 확인한다.

철골철근콘크리트조

2 평가 · 판정방법

판 정

'기존 철골철근콘크리트조 건축물의 내진진단기준 동해설(1997년 개정판)'(일본건축방재협회)에 의한 방법

SRC조 · 제1차~제3차 진단에 의한 판정방법

	예상되는 지진에 대해 소요 내진성능을 확보하고 있음	내진성에 문제 있음
제1차 진단법	$I_S \geqq I_{SO}$	그 외
제2차 진단법 제3차 진단법	$I_S \geqq I_{SO}$ 또는 $C_{TU}S_D \geqq 0.25 \times Z \times G \times U$ (충복형) $C_{TU}S_D \geqq 0.28 \times Z \times G \times U$ (비충복형) 또는 $C_{TU}S_D \geqq 1.0$인 경우	그 외

I_S : 해당 건축물에서 얻어진 구조내진지표(각 방향의 층수별 값) I_{SO} : 필요로 하는 구조내진지표
C_{TU} : 구조물의 종국한계에서의 누적강도지표 S_D : 형상지표 Z : 지역지표 G : 지반지표 U : 용도계수

참 고

1. 제1차 진단결과와 손상의 비율

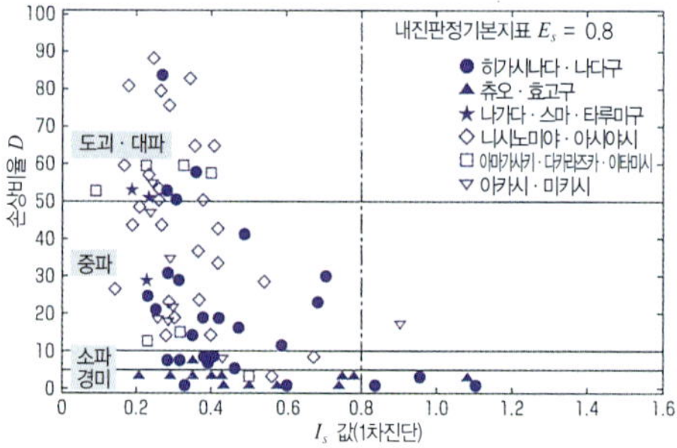

제1차 진단용 I_s와 지진피해(효고현 남부지진)[44]

2. 제2차 진단결과와 손상의 비율

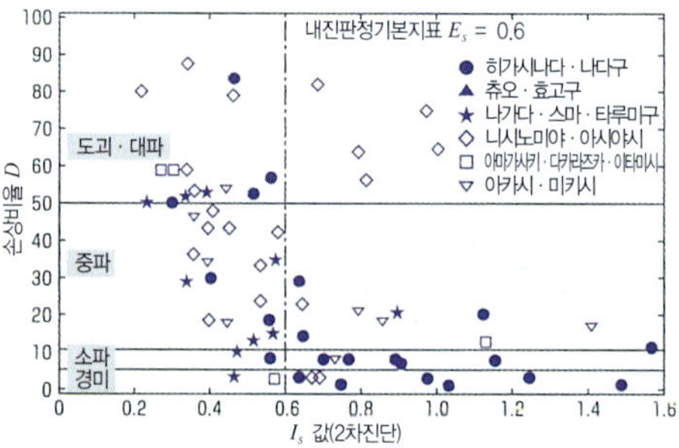

제2차 진단용 I_s와 지진피해(효고현 남부지진)[45]

3. SRC조 건축물의 내장철골형식

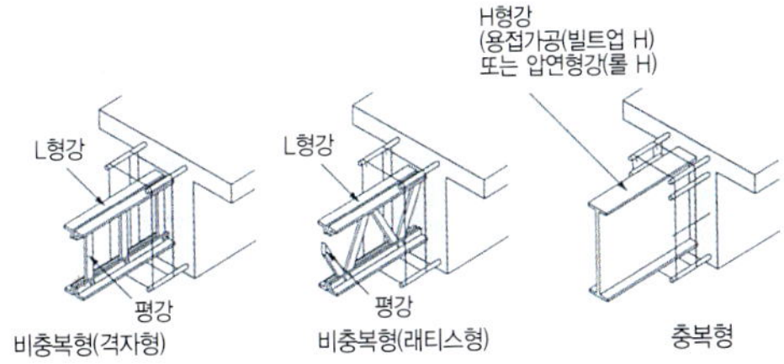

보의 내장철골형식[46]

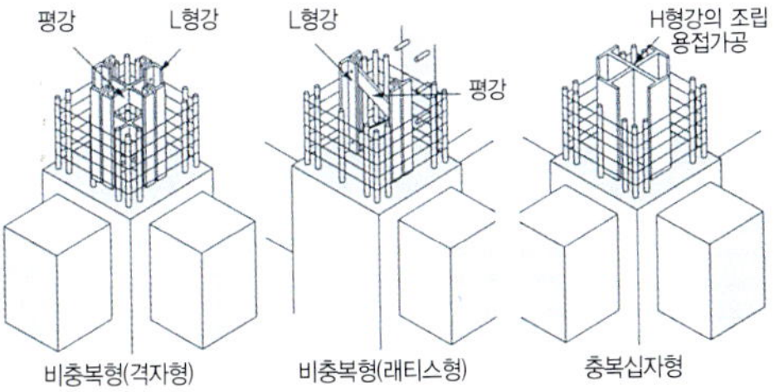

기둥의 내장철골형식[46]

내장철골형식의 변천

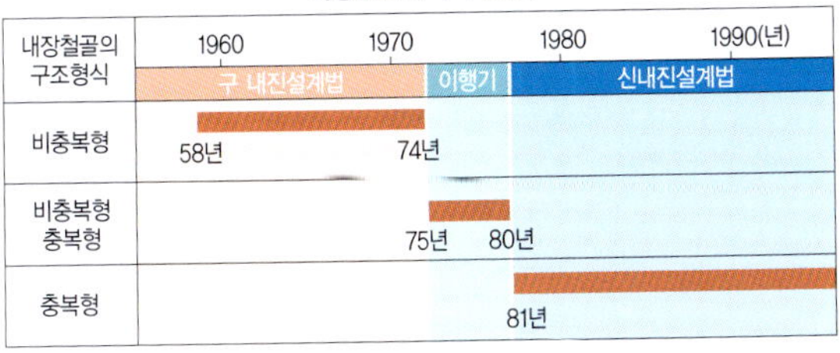

❖ 평가 · 판정 포인트

☞ SRC조의 '평가 · 판정 포인트'는 RC조와 공통이므로 p.103을 참조할 것.

☞ 내장철골형식의 종류에 따라 판정조건이 약간 다르므로 건설년도를 참고로 하여 도면에 의한 확인을 반드시 할 것.

내진진단-구조체
철골조

1 시험 · 조사방법

사례 25 S조 건물이 접합부 불량으로 붕괴됨

주두부의 용접불량에 의한 파괴

보 단부의 용접불량에 의한 파괴

목 적

현재의 내진진단기법을 이용하여 건물의 내진성능을 파악함과 동시에 내진보강계획의 판단자료를 얻는 것이 목적이다.

방 법

1. 내진진단기준, 지침류에 의한 방법

일반적으로 '내진개수촉진법을 위한 기존 철골조 건축물의 내진진단 및 내진개수지침 · 동해설(1996)'(일본건축방재협회)에 의한 진단법이 채용되고 있다(p.110 '판정' 참조). 구조내진지표(I_{si}) 및 보유수평내력에 관계된 계수(q_i)로 내진성능을 평가한다.

2. 보유수평내력을 산출하는 방법

현재의 설계기준에 준함과 동시에 해당 건물의 보유수평내력(Q_u)을 산출하고, 필요보유수평내력(Q_{un})과의 비교로 내진성능을 판단한다.

보유수평내력(Q_u) ≧ 필요보유수평내력(Q_{un})

3. 실태조사의 중요성

철골조 건물에서 구조체의 내력은 부재의 좌굴내력과 접합부의 내력에 의해 정해지는 경우가 많다. 특히 접합부의 내력은 접합방법(모살, 부분용입, 완전용입)의 실태가 중요하며, 철골공장에서의 제작, 공사현장에서의 시공에 크게 영향을 미친다. 따라서 현지조사에 의해 실태를 파악하는 것이 요구된다.

내진진단에 앞서 구조체의 부재치수뿐만 아니라 기둥, 보 또는 브레이스의 접합방법(용접상황, 볼트개수 등)의 상태, 주각의 상황, 노후 상태 및 건물의 보수 · 피해복구 경력 등에 대해 현지조사를 실시할 필요가 있다.

4. S조의 내진진단과정

S조의 진단과정을 '내진개수촉진법을 위한 기존 철골조 건축물의 내진진단 및 내진개수지침 · 동해설(1996년)'(일본건축방재협회)의 진단 흐름(p.108 '방법 1' 참조)과 현행 설계기준에 준한 보유수평내력을 산출하는 방법(p.108 '방법 2' 참조)과의 관계로 나타내면 다음과 같이 된다.

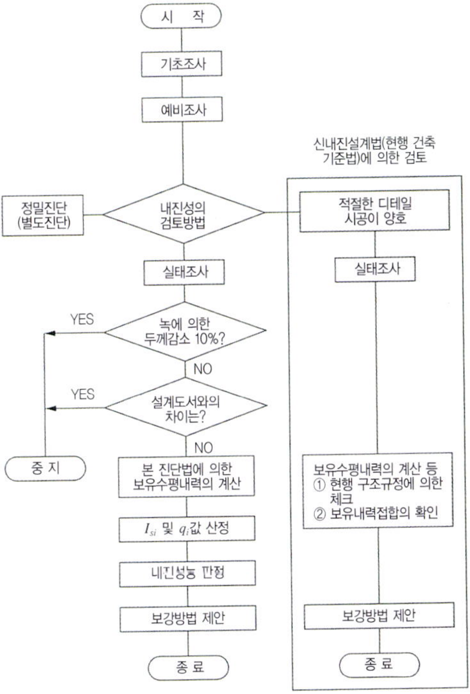

S조 내진진단과정[4/)]

❖ 시험 · 조사 포인트

☞ 현지(실태)조사에서는 구조체의 실상이 설계도서와 어느 정도 차이가 나는지를 조사한다. 이 경우 설계도서가 있는 것이 전제된다.

☞ 현지(실태)조사에서는 먼저 조사 부위를 선정하고 조사 부위의 수를 결정하여 해당 건물 전체의 현상 파악이 가능하도록 한다.

2 평가 · 판정방법

판 정

'내진개수 촉진법을 위한 기존 철골조 건축물의 내진진단 및 내진개수지침 · 동해설(1996)' (일본건축방재협회)에 의한 방법

1. 평가방법

구조내진지표(I_{si})와 각층의 보유수평내력에 관계되는 지표(q_i)로 내진성능을 평가한다.

2. 판정기준

① I_{si} < 0.3 또는 q_i < 0.5인 경우

☞ 지진의 진동 및 충격에 대해 도괴되거나 붕괴될 위험이 높다.

② ① 및 ③ 외의 경우

☞ 지진의 진동 및 충격에 대해 도괴되거나 붕괴될 위험이 있다.

③ I_{si} ≧ 0.6 또는 q_i ≧ 1.0인 경우

☞ 지진의 진동 및 충격에 대해 도괴되거나 붕괴될 위험이 낮다.

3. 구조내진지표(I_{si}) 및 보유수평내력에 관계된 계수(q_i)

구조내진지표 I_{si} 및 각층의 보유수평내력에 관계된 q_i는 다음 식으로 구한다.

$$I_{si} = \frac{E_{0i}}{F_{esi} Z R_t}$$

$$E_{0i} = \frac{Q_{ui} F_i}{W_i A_i}$$

$$q_i = \frac{Q_{ui}}{0.25 F_{esi} W_i Z R_t A_i}$$

Q_{ui} : i층의 보유수평내력
F_i : 부재 · 접합부의 소성변형성능에서 층, 방향별로 정해지는 인성지표
A_i : 층전단력의 높이방향 분포로, 건축기준법시행령에 준함
W_i : i층이 지지하는 중량
E_{0i} : i층의 내진성능을 나타내는 지표
q_i : i층의 보유수평내력에 관계된 지표
F_{esi} : 강성률 및 편심률에 의해 정해지는 계수 $F_{esi} = F_{si} \ F_{ei}$
F_{si} : i층의 층간변형각에서 구한 강성률에 의해 정해지는 계수
F_{ei} : i층의 내력 및 질량분포의 평면상 비대칭성이 큰 경우의 편심률에 의해 정해지는 계수
Z : 지역계수로, 건축기준법시행령에 준함
R_t : 진동특성계수로, 건축기준법시행령에 준함

참 고

1. 조사부위

건물의 실태를 총괄적으로 파악하기 위해 x방향과 y방향의 내진상 중요하다고 여겨지는 골조치수, 골조가새구면, 보 · 기둥 접합부 및 그 주위의 시공 상황에 대해 조사한다. 각 부위의 조사할 곳은 높이방향과 평면방향으로 분산시켜 골조의 특성에 따라 2~3곳을 선정한다.

2. 조사부위와 내용

조사부위 · 내용 일람

조사부위		내 용
골조 및 부재치수		기둥간격, 층고 등의 골조치수 및 기둥, 보, 골조가새 등의 부재치수와 설계도서의 차이점을 조사한다.
접합부	용접접합	① 보 끝 플랜지 접합부 육안 또는 비파괴검사에 의해 용접이음이 완전용입용접인지의 여부를 조사하고, 완전용입용접으로 판단할 수 없는 경우에는 모살용접으로 본다. ② 모살용접의 크기 크기를 계측하여 그 수치를 진단에 이용한다. 단, 크기가 충분히 크다고 보이지 않을 경우 크기는 S=5mm로 판단해도 된다.
	볼트접합	볼트의 종류(고력볼트, 중간볼트), 지름, 개수와 설계도서와의 차이점을 육안으로 조사하며 실태에 맞게 진단한다.
	다이어프램	설계도서와의 차이점을 육안으로 조사하며, 다를 경우에는 두께 등을 측정하여 별도로 내력을 평가한다.
부재 · 접합부 · 거싯플레이트의 녹 상태		전체적으로 녹이 발생되었을 경우에는 판두께를 측정한다. 단, 두께 감소량이 10% 이상인 경우에는 내구성의 열화가 심한 것으로 보고 진단을 중지한다.
주각		주각의 형상 · 치수와 설계도서와의 차이점을 육안으로 조사한다.

3. 접합부의 내력평가

① 부재치수, 시공의 실태가 설계도서대로 되어 있는 경우

☞ 설계도서에 따라 접합부의 내력을 산출한다.

② 부재치수가 설계도서와 다른 경우

☞ 조사할 곳의 수를 늘려 다시 조사하고, 조사결과를 바탕으로 내력 및 인성지표를 평가한다.

❖ 평가 · 판정 포인트

☞ 보플랜지와 기둥 또는 다이어프램과의 용접부는 중요한 조사부위이다. 일반적인 설계에서는 완전용입용접으로 되어 있어야 하지만, 제작시 부분용입용접이나 모살용접으로 하는 경우가 있으므로 주의해야 한다.

☞ 부재치수가 설계도서와 다른 경우에는 내력평가 방법에 대해 잘 검토하여 내력평가의 기본방침을 명확히 정해야 한다.

내진진단–비구조부재

반자 및 바닥재

1 시험 · 조사방법

사례 26 지진에 의해 반자볼트가 손상되어 파편이 떨어짐

시스템 반자의 낙하

경량철골기초(재래공법) 반자의 파손

목 적

지진피해 및 그로 인한 2차 피해에 대해 건물의 안전성과 시설로서 필요한 내진성능을 확보하기 위해 현재상태의 비구조부재(반자 및 바닥재)의 보강계획을 위한 판단자료를 얻는 것이 목적이다.

방 법

'관청시설의 종합내진 · 개수기준 및 동해설(1996년판)' (건축보전센터)에 진단표가 제시되어 있다. 다음에 비구조부재의 내진진단에 관한 공통사항을 나타낸다.

1. 기본사항

① 대상으로 하는 실을 재해시의 중요도에 따라 특정짓고, 일반실의 평가레벨보다 높게 한다.

② 진단은 처음에는 육안조사를 주로 하는 1차 진단을 하며, 이것으로 판단되지 않을 경우에는 더욱 상세한 2차 진단을 실시한다.

2. 진단방법

① 1차 진단

건축물을 강성별 · 부위별로 구분하고 대지진시 구조체의 층간변형각을 추정하여 진단한다.

② 2차 진단

1차 진단으로 판단되지 않을 경우, 도면에 의한 상세한 확인과 현장에서의 조사를 실시한다.

층간변위각으로 예상되는 구조 종별

층간변위각(γ)	구조 종별
$\gamma \leqq 1/100$ 정도	S조 등이 연성적 건축물
$\gamma \leqq 1/200$ 정도	비교적 벽이 작은 RC조, SRC조
$\gamma \leqq 1/300$ 정도	중저층이며 벽이 많은 RC조, SRC조 등의 강성이 높은 건축물

3. 판정기준

비구조부재의 내진성 판정은 1차 진단표, 2차 진단표로 한다.

☞ p.114 '판정 1, 2' 참조

1차 · 2차 진단표 '판정란'의 용어 해설

적합 : 내진안전상 문제가 없음

부적합 : 내진안전상 문제가 있음

2차 : 2차 진단을 해야 함

진단 불필요 : 진단을 하지 않아도 내진안전상 문제가 없다고 판단된다.

4. 비구조부재의 내진진단과정

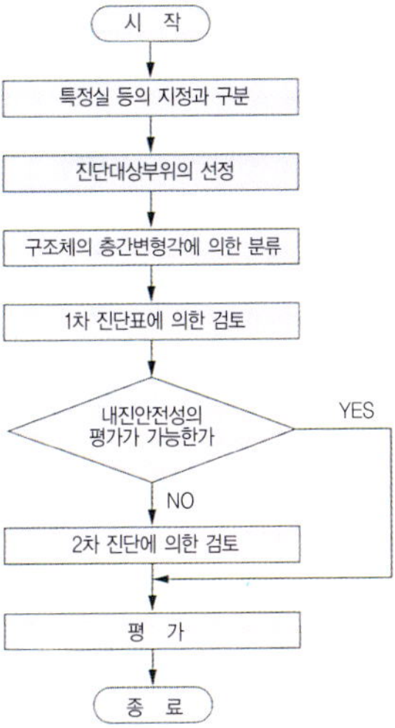

비구조부재의 내진진단과정[48]

5. 특정실의 지정과 구분

☞ p.114의 '판정 1' 참조

a : 재해시 실의 역할 중요도에 따라 특정한 실로, 중요도가 높은 실

b : 일반실

❖ 시험 · 조사 포인트

☞ 효고현 남부지진의 피해로 재래공법 반자에서는 반자볼트의 파손, 시스템반자에서는 볼트의 박락, 또한 구조종별에서는 S조에 피해가 많은 것으로 보고되었다.

☞ 반자을 조사할 때에는 중량과 강성이 다른 곳, 지진시의 거동이 불연속인 곳에서 적절한 조치(클리어런스 확보, 흔들림방지대책 등)가 되어 있는지를 확인해야 한다.

반자 및 바닥재

2 평가 · 판정방법

판 정

1. 1차 진단표와 판정

1차 진단표 : 건축 비구조 부재(반자 및 바닥재)

<table>
<tr><th rowspan="4">비구조
부재의
재료 · 구법</th><th rowspan="4">진 단 항 목</th><th colspan="6">구조종별 · 판정란</th></tr>
<tr><th colspan="2">S조</th><th colspan="4">RC조 · SRC조</th></tr>
<tr><th colspan="2">≦1/100</th><th colspan="2">≦1/200</th><th colspan="2">≦1/300</th></tr>
<tr><th>a</th><th>b</th><th>a</th><th>b</th><th>a</th><th>b</th></tr>
<tr><td rowspan="7">경량철골
반자
(재래공법)</td><td>① 벽면과의 접합으로 반자과 돌림대가 고정</td><td colspan="4" rowspan="7">오른쪽 칸과 동일,
단 6층(9층) 이상인
건물에서는 지진력
에 대한 안전성 검토
를 한다.
6층 : S조
9층 : RC조, SRC조</td><td colspan="2">부적합</td></tr>
<tr><td>② 단부의 달대볼트가 벽면에서 45cm 이상 떨어짐</td><td colspan="2">부적합</td></tr>
<tr><td>③ 달대볼트 간격이 90×90cm보다 훨씬 큼</td><td colspan="2">부적합</td></tr>
<tr><td>④ 반자틀, 반자틀받이, 흔들림막이 등이 부적절</td><td colspan="2">부적합</td></tr>
<tr><td>⑤ 설비기기 등의 개구보강이 되어 있지 않음</td><td colspan="2">부적합</td></tr>
<tr><td>⑥ 덕트, 공조기 등이 반자하지를 이용</td><td colspan="2">부적합</td></tr>
<tr><td>⑦ 상기 이외, 내진성 검토 고려</td><td colspan="2">적합</td></tr>
<tr><td rowspan="7">시스템
반자</td><td>① 벽면과의 접합으로 반자과 돌림대가 고정</td><td colspan="4" rowspan="7">오른쪽 칸과 동일,
단 6층(9층) 이상인
건물에서는 지진력
에 대한 안전성 검토
를 한다.
6층 : S조
9층 : RC조, SRC조</td><td colspan="2">부적합</td></tr>
<tr><td>② 단부의 달대볼트가 벽면에서 60cm 이상 떨어짐</td><td colspan="2">부적합</td></tr>
<tr><td>③ 달대볼트 간격이 100×165cm보다 훨씬 큼</td><td colspan="2">부적합</td></tr>
<tr><td>④ 설비기기 등의 개구보강이 되어 있지 않음</td><td colspan="2">부적합</td></tr>
<tr><td>⑤ 덕트, 공조기 등이 반자하지를 이용</td><td colspan="2">부적합</td></tr>
<tr><td>⑥ 그리드 타입으로 T-bar의 걸침이 훨씬 작음</td><td colspan="2">부적합</td></tr>
<tr><td>⑦ 상기 이외, 내진성 검토 고려</td><td colspan="2">적합</td></tr>
<tr><td>도장처리
반자</td><td>특수용도로 필요상 어쩔 수 없는 것 이외</td><td colspan="6">사용불가*</td></tr>
<tr><td rowspan="4">프리액세스
플리어</td><td>① 접착면의 시공이 부적절, 바닥면과 받침대가 박리</td><td colspan="4" rowspan="4">오른쪽 칸과 동일</td><td colspan="2">부적합</td></tr>
<tr><td>② 바닥 시공이 부적절, 울퉁불퉁함이 심함</td><td colspan="2">부적합</td></tr>
<tr><td>③ 내진성 검토, 고려되어 있지 않음</td><td colspan="2">2차</td></tr>
<tr><td>④ 지주 베이스의 핀에 의한 고정, 전산기의 콘크리트 슬래브에 고정, 피난통로부의 패널 설치 등의 내진 처치를 실시(단, 저층, 강구조 건축물에서는 전산기 캐스터에 의해 설치하면 됨)</td><td colspan="2">적합</td></tr>
</table>

* 사용불가는 재료나 구법이 부적합하며 내진안전상 문제가 있다.

2. 2차 진단표와 판정

2차 진단표 : 건축비구조부재(반자 및 바닥재)

<table>
<tr><th>비구조부재의 재료 · 구법</th><th>판정</th><th>구조종별</th></tr>
<tr><td rowspan="2">프리액세스 플로어</td><td>적합</td><td>지하층, 1층 등의 저층에 있으며 큰 가속도를 받지 않기 때문에 내진안전성이 충분하다.</td></tr>
<tr><td>부적합</td><td>상기 이외</td></tr>
</table>

참 고

1. 용접부의 강도에 의해 구하는 브레이스의 필요 설치량

$$A_B \leq \frac{F_W \cdot cos\theta}{F_H}$$

A_B : 브레이스 설치량(m²당 1대)
F_W : 용접부의 강도
θ : 브레이스의 각도. 45° 이하인 경우는 45°로 한다.
F_H : 반자에 작용하는 수평력(kgf/m²)

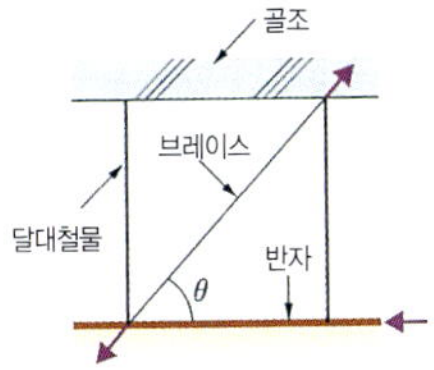

지진력과 브레이스에 발생하는 응력

$$F_H = K_H \cdot W$$

K_H : 수평진도
W : 반자의 중량(kgf/m²)

2. 지진에 의한 반자의 피해(효고현 남부지진)

경량철골(재래공법) 반자

① 보 옆, 벽 옆에서의 충돌에 의한 보드의 파손 · 낙하
② 반자의 거동이 기둥형의 결입부에서 구속을 받아 보드가 파손됨
③ 면적이 큰 반자과 통로 등의 소반자이 연속된 곳에서의 응력집중에 기인하여 보드가 파손됨
④ 반자돌림대와의 클리어런스가 없기 때문에 골조의 거동에 따르지 못하여 보드가 파손됨
⑤ 반자재와 설비의 접합부(덕트, 공조기기, 스프링클러헤드 등)의 손상

시스템반자

① 벽과 반자의 접합부 돌림대에서 반자이 분리되어 낙하
② 반자틀 사행에 의해 반자틀 간격이 넓어져 반자재, 설비패널이 낙하
③ 반자마감을 먼저 하여 칸막이벽이 있을 경우 접합부의 손상
④ 브레이스를 갖추지 못해 반자이 손상되고 보드가 떨어짐
⑤ 반자에 달린 공조기기 주위의 반자 손상 · 낙하
⑥ T-bar의 변형, 접속부가 떨어진 곳의 보드 파손 · 낙하

3. 지진에 의한 프리액세스 플로어의 피해(효고현 남부지진)

① 높이 100mm를 넘는 프리액세스 플로어에서 패널이 밀려 올라가거나 아래로 떨어지고, 지주의 전도 피해가 발생했으나 미야기현 해안의 지진에 비해 피해가 적다.
② 높이 100mm 이하는 기기의 전도에 의한 2차 피해가 많다.

❖ 평가 · 판정 포인트

☞ 반자은 다음과 같은 기본사항을 바탕으로 평가할 것.

① 지진에 의한 관성력에 대해 반자 구성의 각 부위가 서로 영향을 미치지 않고 독립적으로 고정되어 있을 것.
② 반자재의 흔들림을 억제하는 브레이스가 필요량을 확보하여 고정도를 지닐 것.
③ 다른 거동이 되는 부위간의 접합부는 유연한 여분이 있을 것.

외벽부재

1 시험 · 조사방법

사례 27 진도 6의 지진에 의해 외벽 ALC판이 떨어짐

외장 ALC패널이 떨어짐

건식 돌붙임이 떨어짐

목 적

지진 재해 및 2차 재해에 대해 건물의 안전성과 시설로서의 내진성능을 확보하기 위해 현재 상태의 비구조부재(외벽부재) 보강계획을 판단하기 위한 자료를 얻는 것이 목적이다.

방 법

'관청시설의 종합내진 · 개수기준 및 동해설(1996년판)'(건축보전센터)에 진단표가 제시되어 있다.

1. 기본사항 ☞ p.112 '방법 1' 참조

2. 진단방법

① 1차 진단 ☞ p.112 '방법 2' 참조

② 2차 진단 ☞ p.112 '방법 2' 참조

3. 판정기준

비구조부재의 내진성 판정은 1차 진단표, 2차 진단표로 한다.

☞ p.118~119 '판정 1, 2' 참조

판정란의 용어

적합 : 내진안전상 문제 없음

부적합 : 내진안전상 문제 있음

2차 : 2차 진단을 해야 함

진단 불필요 : 진단을 하지 않아도 내진안전상 문제가 없다고 판단됨

4. 비구조부재의 내진진단과정

☞ p.113 '방법 4' 참조

5. 특정실의 특정과 구분

☞ p.114 '판정 1' 참조

a : 재해시 실의 억할 중요도에 따라 특정한 실로, 중요도가 높은 실

b : 일반실

6. 2차 재해에 대한 영향 범위

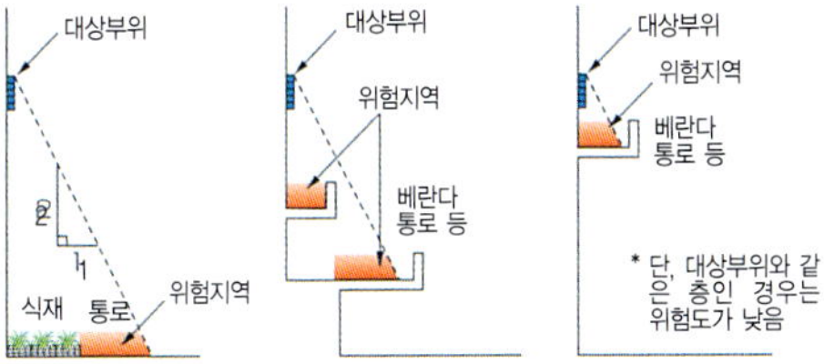

외벽마감층의 박락 및 외주부 유리의 비산에 관한 위험범위

7. ALC 패널붙임벽의 구법

① 세로벽

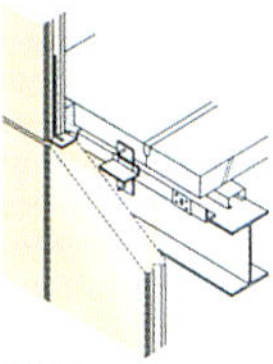

로킹구법
가장 최신의 건식구법으로, 층간변위의 추종성이 높다. PCCW에 준한다.

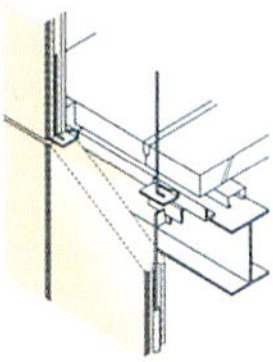

슬라이드구법
1978년 미야기현 해안 지진 후에 개발됨. 슬라이드 메커니즘을 채용

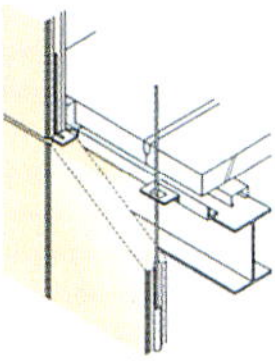

삽입근 구법
최근까지 가장 많이 채택되고 있으며, 모르타르그라우트에 의해 일체화, 지진시의 피해가 많다.

② 가로벽

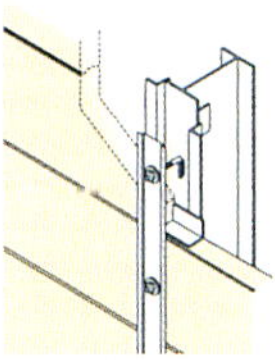

커버플레이트 구법
패널 양끝을 커버플레이트누름으로 하고 면내 방향으로 느슨함을 방지. 볼트구법보다 층간변위 추종성이 높다.

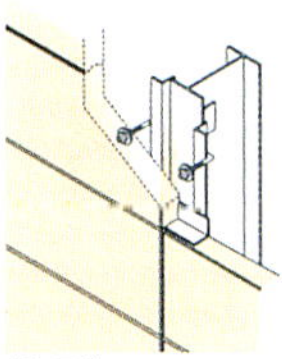

볼트막음 구법
층간변위를 볼트의 회전으로 추종하여 삽입근 구법 다음으로 개발됨.

❖ 시험 · 조사 포인트

- ☞ PC 커튼월은 파스너 부위의 손상과 코너 부위 패널, 현장치기콘크리트와의 접합 손상의 우려 등, 효고현 남부지진에서 피해가 많았던 곳을 반드시 확인할 것.
- ☞ ALC 패널에 대해서는 가장 일반적인 세로벽 삽입근구법에서 피해가 많으므로 구법에 따라 내진성능이 크게 달라진다.
- ☞ 진단표에 없는 재류 · 구법에 대해서도 과거의 피해 사례를 고려하여 ①관성력에 대한 강도, ②변형추종성 관점에서 관찰할 것.

외벽부재

2 평가 · 판정방법

판 정

1. 1차 진단표와 판정

1차 진단표 : 건축비구조부재(외벽부재)

비구조 부재의 재료 · 구법	진 단 항 목	구조종별 · 판정란					
		S조		RC조 · SRC조			
		≦1/100		≦1/200		≦1/300	
		a	b	a	b	a	b
PC커튼월	① 커튼월 설치가 고정	부적합		진단 불필요		진단 불필요	
	② 커튼월이 면내 · 면외에서 가지런하지 못함	2차					
	③ 외관에 이상 없음	적합					
금속제커튼월	① 커튼월 설치가 고정	2차		진단 불필요		진단 불필요	
	② 커튼월이 면내 · 면외에서 가지런하지 못함	2차					
	③ 외관에 이상 없음	적합					
ALC패널 (슬라이드구법 커버플레이트구법)	① 부재에 균열이 발생	부적합		2차		2차	
	② 줄눈에 균열이 발생	2차		2차		2차	
	③ ALC패널 설치가 가지런하지 못함	2차		2차		2차	
	④ 외관에 이상 없음	적합		적합		적합	
ALC패널 (볼트막음구법)	① 부재에 균열이 발생		부적합	2차		2차	
	② 줄눈에 균열이 발생		2차	2차		2차	
	③ ALC패널 설치가 가지런하지 못함		2차	2차		2차	
	④ 외관에 이상 없음		적합	적합		적합	
ALC패널 (삽입구법)	① 부재에 균열이 발생				부적합		부적합
	② 줄눈에 균열이 발생				2차		2차
	③ ALC패널 설치가 가지런하지 못함				2차		2차
	④ 외관에 이상 없음				적합		적합
돌붙임 (건식)	① 박락이 있거나 들뜸이 확인됨	부적합		부적합		부적합	
	② 부재에 균열이 발생	부적합		부적합		부적합	
	③ 외관에 이상이 없고 내진성 검토 실시	적합		적합		적합	
타일(거푸집먼저 붙임공법)	① 박락이 있거나 들뜸이 확인됨			부적합		부적합	
	② 부재에 균열이 발생			부적합		부적합	
	③ 외관에 이상이 없음			적합		적합	
타일(손붙임공법)/ 돌붙임(습식공법)	① 박락이 있거나 들뜸이 확인됨			부적합		부적합	
	② 타일, 돌 또는 줄눈에 균열			부적합		부적합	
	③ 외관에 이상이 없음			2차		2차	
유리블록/ 콘크리트블록*	① 줄눈 또는 블록에 균열이 발생		부적합	부적합		진단 불필요	
	② 모르타르 충전이 부적절		부적합	부적합			
	③ 외관에 이상이 없음		적합	적합			
유리블록/ 콘크리트블록	① 줄눈 또는 블록에 균열이 발생			부적합		부적합	
	② 모르타르 충전이 부적절			부적합		부적합	
	③ 도면상의 철근의 현행 사양에 비해 매우 적음			부적합		부적합	
	④ 외관에 이상이 없음			적합		적합	
보드류에 의한 외장	① 층간변위추종이 가능한지 검토 실시	부적합		진단 불필요		진단 불필요	
	② 보드에 균열(부분적인 것 제외)	2차					
	③ 못 또는 피스의 극단적인 함몰이나 들뜸	2차					
	④ 외관에 이상이 없음	적합					
제치장콘크리트, 뿜칠마감 등	① 균열이 발생			2차		진단 불필요	
	② 외관에 이상이 없음			적합			
미장모르타르 위, 뿜칠 등	① 박락이 있거나 들뜸이 확인됨			부적합		진단 불필요	
	② 균열이 발생			부적합			
	③ 외관에 이상이 없음			2차			

*패널화로 층간변위에 추종 가능 ※ ■는 내진안전상 재료 · 구법이 부적합한 것

2. 2차 진단표와 판정

2차 진단표 : 건축비구조부재(외장부재)

비구조부재의 재료 · 구법	판정	진단항목	
PC커튼월	부적합	① 파스너 시공이 부적절(구멍이 느슨한 앵커 등이 부적절...)	
		② 파스너 부위에 녹이 심함	
		③ 파스너를 설치한 보의 변형(휨, 비틀림 등)	
		④ PC줄눈부가 탄성 실링이 아님	
		⑤ 파스너, 앵커볼트의 내력, 변형의 검토를 실시하지 않음	
	적합	⑥ 상기 이외	
금속제커튼월	부적합	① 커튼월 설치가 고정이며, 커튼월의 강성이 매우 큼	
	적합	② 상기 이외	
		커튼월이 면내 · 면외에서 가지런하지 못함은 PC커튼월과 같은 방법으로 검토	
ALC패널	부적합	① 부재에 균열폭이 크고 부재를 관통하고 있는 것	
		② 줄눈에 균열폭이 크고 부재를 관통하고 있는 것	
		③ 패널 결입부, 개구부 패널의 적절한 보강이 없음	
		⑤ 부착철물이 용접 등의 단단한 고정이 아님. 철물의 녹이 심함	
		⑥ ALC패널의 설치가 가지런하지 못하며 판두께 이상의 차이가 있음	
	부적합	⑦ 상기 이외	• 구조체의 1차설계 $\gamma \geq 1/200$(차고, 창고 제외)
	적합		• 구조체의 1차설계 $\gamma < 1/200$(차고, 창고 포함)
타일(손붙임공법)/돌붙임(습식공법)	조사	제1단계 : 육안조사로 어딘가가 해당될 때 제2단계 진단 실시	
		① 오염이 심함	
		② 타일 또는 돌 뒷면에서 누수현상(개구부 주위, 콘크리트 이어치기부위 등)	
		③ 타일 또는 돌 뒷면에서 녹이 발생	
		④ 백화현상이 심함	
		제2단계 : 타진법 또는 타일박리검사기에 의한 진단	
		① 개구부, 파라펫 및 건축의 볼록 모서리 진단	
		② 문제가 있다고 여겨지는 부분의 진단	
	부적합	진단 결과	• 문제 있음
	적합		• 문제 없음
보드류에 의한 외장	부적합	① 기초의 간격이 일반적인 경우보다 매우 큼	
		② 여러 개의 보드가 파손됨	
	적합	③ 상기 이외	
제치장콘크리트, 뿜칠/미장모르타르위, 뿜칠 등	부적합	① 균열이 보~보 사이, 또는 기둥~기둥사이까지 퍼져 있음	
		② 균열폭이 1mm 이상인 경우	
		③ 구조상의 균열은 아니지만 구체까지 관통, 누수 등의 장해	
		④ 구조상의 균열은 아니지만 균열폭이 0.3mm 이상이며 골조를 관통	
		⑤ 타진법에 의한 미장 모르타르 진단에서 문제 있음	
	적합	⑥ 상기 이외	

❖ 평가 · 판정 포인트

☞ 비구조부재의 내진성능은 ①지진시의 관성력에 대해 안전하고, ②건물의 층간 변위에 대해 추종하는 성능이 있어야 하며, 이러한 관점에서 평가를 실시할 것.

☞ 최종적인 목표는 탈락시키지 않는 것이지만 진단시 탈락의 우려가 있는 경우에는 2차 재해의 영향 범위에 대해서도 검토할 필요가 있다.

설비기기의 기초

1 시험 · 조사방법

사례 28 옥상에 설치된 쿨링타워의 기초가 지진으로 인해 전도됨

목 적

환기 · 공조설비, 급배수설비 및 전기설비에 공통으로 설치하는 기기의 기초와 기초 주변(앵커볼트, 철골가대, 고정볼트, 내진 스토퍼 등)의 내진성을 평가하기 위한 판단자료를 얻는 것이 목적이다.

방 법

'건축설비 · 승강기 내진기준 및 개수지침(1996년판)'의 '건축설비기초 · 배관의 지지 내진진단요령 · 개수요령'(일본건축설비 · 승강기센터)에 진단기준이 제시되어 있다.

1. 진단의 우선순위

설비기기의 중요도를 고려하여 진단의 우선순위를 정하는데, 실제 운용에 있어서는 시공주(소유자, 관리자)와 협의하며 기타 조건에 대해서도 고려하여 실시항목을 결정해야 한다.

A : 반드시 진단을 해야 하는 것.
B : 필요에 따라 해야 하는 것.
C : 시공주(소유자 · 관리자)의 요구에 의해 하는 것.

2. 진단의 흐름

① 진단설비기재 · 부위의 선정

☞ 시공도와 현지조사에 의해 현황설비를 파악하고 기재 · 부위를 선정한다.

② 진단방법

☞ 진단기준에 기재된 방법(육안, 촉진, 계측 · 계산)에 의해 한다.

3. 진단 판정

판정결과는 각 진단항목에 대해서 한다.

■ : 양호
■ : 요주의 ☞ 계산에 의한 확인과 상세한 검토가 필요
■ : 요개선 ☞ 서둘러 개선 · 개수가 필요

4. 진단항목과 진단기준

실외 · 옥상 및 실내의 진단항목[49]

조사 부위	진단 기준	진단 방법	진단 순위
콘크리트기초	① 기초의 사양(골조와 일체화되어 축조 등 형상 · 안정성 · 기초폭)은 양호한가? ② 기초는 튼튼하며 깨짐 · 균열 · 기울어짐 등이 없이 상태가 양호한가?	육안 육안 · 촉각진단	A B
기초에 대한 앵커볼트	① 앵커볼트의 배치 · 개수 · 지름 등은 양호한가? ② 앵커볼트에 부식 등의 열화나 느슨함은 없는가?	육안 · 촉각진단 육안 · 계측	A B
강제가대 · 기기측 부착철물, 고정볼트	① 가대의 강성은 양호한가? 또한 편하중 · 비틀림 등에 대한 상태는 양호한가? ② 가대 · 철물 등에 부식 등의 열화나 손상 및 느슨함은 없는가? ③ 고정볼트의 배치 · 지름 · 개수는 양호한가?	육안 · 촉각진단 육안 · 계측 육안 · 촉각진단	B B A
내진 스토퍼	① 방진장치에 설치되어 있는 내진 스토퍼의 부착상태(개수 · 형상 · 기기와의 간격)는 양호한가? ② 방진장치에는 수평수직방향의 스토퍼가 부착되어 있는가?	육안 · 계측 육안	A A

참 고

기초형상(평면 · 단면)의 분류

단면형상에 따른 분류

골조일체형	분리형	
바닥슬래브와 일체된 구조	줄 위에 기초구축 러프콘크리트 없음	줄 위에 기초구축 러프콘크리트 있음
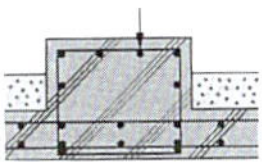	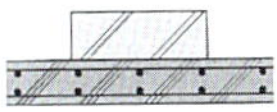	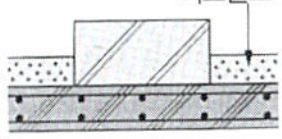
구조체 강도를 만족할 것	① 들뜸이 없을 것 ② 전단력이 전달될 것	들뜸이 없을 것

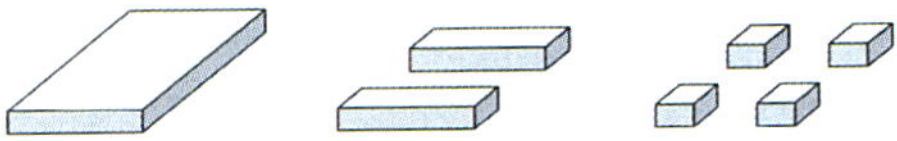

평면형상에 의한 분류

◆ 시험 · 조사 포인트

☞ 현지에서의 진단에 앞서 진단해야 할 설비의 기기기초와 배관계의 부위, 접속부 등의 부위를 미리 선정해 둘 것.

☞ 앵커볼트 필요 개수와 지름 등은 미리 계산하거나 기기완성도 등으로 조사해둘 것.

☞ 기기접속 배관이 내진상 문제가 되는 경우가 많으므로 가대를 포함하여 기기의 거동이 배관에 악영향을 미치는지 여부를 확인할 것.

설비기기의 기초

2 평가 · 판정방법

판 정

■ : 양호
■ : 요주의
■ : 요개선

1. 기초의 사양
판정 기준 ☞ 기초형식과 설치슬래브의 관계로 판단
■ 골조일체형의 기초
■ ① 분리형 바닥기초(옥상방수누름콘크리트, 일반 바닥)
② 분리형 보형 · 독립기초(중간층 이하의 일반 바닥)
■ ① 분리형 바닥기초(옥상노출방수)
② 분리형 보형 · 독립기초(옥상층, 일반바닥(최상층 이상))

2. 기초의 상태
판정 기준 ☞ 열화 상태로 판단
■ ① 균열(기초 전면, 마감모르타르에서 0.3mm폭 이상)
② 균열 부위에서 녹물, 에프로렛센스가 흘러나옴
■ ① 기초 표면에 박리가 발생하여 철근이 노출
② 기초의 앵커 매입부분에 파손과 결손이 발생

3. 앵커볼트의 사양
판정 기준 ☞ 배치 · 개수 · 지름 등으로 판단
■ ① 타설간격이 확보되어 있지 않음
② 지름이 작음
■ ① 간격치수가 확보되어 있지 않음(100mm 이상 필요)
② 앵커볼트가 없는 기기

4. 앵커볼트의 열화
판정 기준 ☞ 부식과 느슨함 등으로 판단
■ ① 워셔 주위에 마모나 옆으로 미끄러진 흔적
② 볼트 주위의 기초에 0.3mm폭 이상의 균열
■ ① 앵커볼트의 덜컹거림과 흔들림
② 너트의 느슨함
③ 기기 가대의 앵커볼트구멍 지름이 너무 큼
④ 앵커볼트와 너트의 깨짐
⑤ 녹에 의한 부식이 심함(볼트지름의 10% 이상 진행)

5. 가대의 시방
판정 기준 ☞ 강성, 편하중 · 비틀림 등으로 판단
■ ① 기기를 설치한 상태에서의 휨, 비틀림
② 기기를 흔들거리게 했을 때 크게 휘거나 비틀림

6. 가대의 열화
판정 기준 ☞ 가대 · 금속 등의 부식, 손상, 느슨함으로 판단
■ ① 볼트에 미끄러운 흔적
② 가대 바닥면과 기초와의 사이에 심한 틈새(5mm 이상)
■ ① 녹에 의한 부식이 심함(판두께와 지름의 10% 이상 진행)
② 가대, 철물, 볼트의 깨짐
③ 철물, 고정볼트의 느슨함과 덜컹거림
④ 기기 가대의 볼트구멍 지름이 너무 큼(볼트지름 주위 + 5mm 이상)

7. 고정볼트의 시방
판정 기준 ☞ 배치 · 개수 · 지름 등으로 판단
■ ① 내진계산에 의한 확인이 불분명(기기 중량이 800kgf 이상)

② M8×4개 이상의 고정볼트가 없음(허용종횡비 내에 있는 중량이 800kgf 이하인 기기)

■ ① 진동기기가 더블 너트가 아님
② 너트가 확실하지 않음

8. 내진스토퍼의 설치상태

판정 기준 ☞ 개수, 형상, 간격으로 판단

■ ① 판두께가 작고, 동일하지 않음
② 앵커볼트의 지름, 개수가 부족
③ 코너형, 통과볼트형 채용으로 네 모서리에 배치되어 있지 않음
④ 플레이트형 채용으로 각 변에 2곳 이상 배치되어 있지 않음
⑤ 기기와 스토퍼와의 간격이 적절하지 않음(대략 10mm 정도)
⑥ 내진 스토퍼에 이상 변형이 생김

■ ① 들뜬 구조의 방진기초에 유효한 내진스토퍼가 없음
② 앵커볼트의 간격치수가 부족(100mm 이상)
③ 내진스토퍼, 앵커볼트, 너트에 깨짐
④ 녹에 의한 부식이 심함(판두께와 지름의 10% 이상 진행)

9. 방진기초 내진 스토퍼

판정 기준 ☞ 적절한 스토퍼인지 판단

■ 방진기초에 수평 · 수직방향형 스토퍼를 사용하지 않음

참 고 **내진 스토퍼**

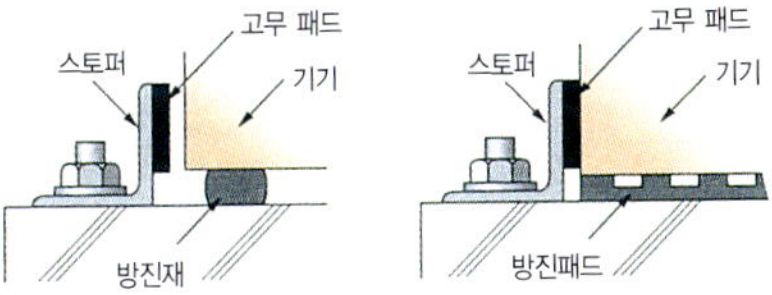

전도력이 작용하지 않을 경우의 내진설치예

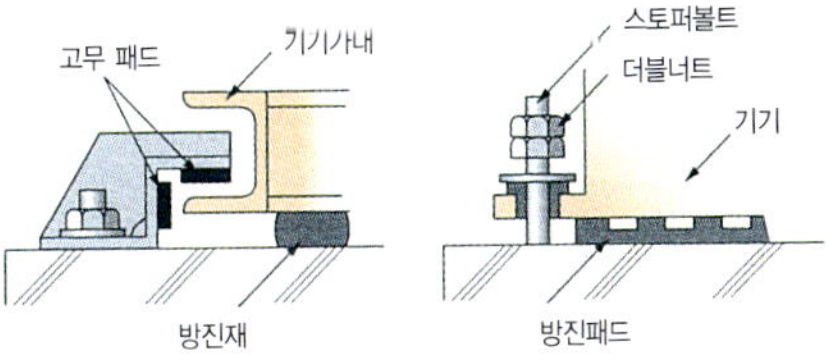

전도력이 작용할 경우의 내진설치 예

❖ 평가 · 판정 포인트

☞ 종횡비가 큰 기기에 대해서는 꼭대기 부분의 지지재가 유효하게 설정되었는지 확인할 것.

☞ 과거에 발생한 지진피해보고에 따르면 앵커볼트의 강도 부족과 내진스토퍼의 문제가 시적되고 있으므로 이들을 가장 중점적인 진단항목으로 다루어 철저한 조사와 검토를 하여 평가할 것.

배관의 지지

1 시험 · 조사방법

사례 29 지진에 의해 냉온수 펌프가 전도되었을 때 배관이 빠짐

목 적

환기 · 공조설비, 급배수설비 및 전기설비에 공통으로 하는 배관(설치 · 고정조치, 건물도입부, 건물 익스팬션 통과부)의 내진성을 평가하기 위한 판단자료를 얻는 것이 목적이다.

방 법

'건축설비 · 승강기 내진기준 및 개수지침(1996년판)'(일본건축설비 · 승강기센터)의 '건축설비기초 · 배관의 지지내진진단요령'에 진단기준이 제시되어 있다.

1. 진단의 우선순위 ☞ p.120 참조
2. 진단의 흐름 ☞ p.120 참조
3. 진단판정 ☞ p.120 참조
4. 진단항목과 진단기준

A : 입상배관(파이프샤프트내 · 실외 · 기타)[49]

조사 부위	진단 기준	진단 방법	진단 순위
지지철물의 고정상태	① 지지철물의 시방은 양호한가? ② 지지철물은 부식 등의 열화나 손상 · 느슨함 없이 단단하게 설치되어 있는가?	육안 육안 · 촉각진단	C C
배관의 지지 · 고정상태	배관의 지지철물에 대한 지지 · 고정상태는 양호한가?	육안 · 촉각진단	C

B : 횡 · 지관(실내)[49]

조사 부위	진단 기준	진단 방법	진단 순위
지지철물의 고정상태	① 지지철물의 시방은 양호한가? ② 지지철물은 부식 등의 열화나 손상 · 느슨함 없이 단단하게 설치되어 있는가?	육안 육안 · 촉각진단	C C
배관의 지지 · 고정상태	① 배관의 지지철물에 대한 지지 · 고정상태는 양호한가? ② 배관의 지지 · 고정간격은 양호한가? ③ 배관의 흔들림방지조치는 양호한가?	육안 · 촉각진단 육안 육안	C C C

C : 횡 · 지관(옥상 · 실외)[49)]

조사 부위	진단 기준	진단 방법	진단 순위
콘크리트기초	① 기초의 시방(구체와 일체화한 축조 등, 형상 · 안정성 · 기초폭)은 양호한가? ② 기초는 단단하며 깨짐 · 균열 · 기울어짐 등이 없이 상태가 양호한가?	육안 육안 · 촉각진단	B C
기초에 대한 앵커볼트	① 앵커볼트의 배치 · 개수 · 지름 등은 양호한가? ② 앵커볼트에 부식 등의 열화나 느슨함이 없는가?	육안 · 계측 육안 · 촉각진단	B C
강제 가대, 지지철물	① 가대의 강성은 양호한가? 또한 편심하중 · 비틀림 등에 대한 상태는 양호한가? ② 가대 · 철물 등에 부식 등의 열화나 손상 및 느슨함은 없는가?	육안 · 촉각진단 육안 · 촉각진단	C C
지지철물의 고정상태	① 지지철물의 시방은 양호한가? ② 지지철물은 부식 등의 열화나 손상 · 느슨함이 없이 단단하게 고정되어 있는가?	육안 육안 · 촉각진단	C C
배관의 지지 · 고정상태	① 배관의 지지철물에 대한 지지 · 고정상태는 양호한가? ② 배관의 지지 · 고정간격은 양호한가?	육안 · 촉각진단 육안	C C

D : 건물도입부[49)]

조사 부위	진단 기준	진단 방법	진단 순위
지반침하상태	건물과 지반에 지반침하에 의한 변위는 없는가?	육안	B
변위흡수 조치상태	① 매립지 등의 연약지반에서는 변위흡수이음 등이 사용되어 있는가? ② 변위흡수이음 등에 열화나 손상은 없는가? ③ 변위흡수이음 등의 가통성 · 변위흡수량은 양호한가?	육안 육안 육안	B B B
여러 개의 인입관 유무	급수인입관은 여러 개인가? (급수인입 등 건물의 중요도, 용도, 규모에 따름)	육안	B
비상용 수전의 유무	급수인입관(계통별)마다 비상용 수전이 설치되어 있는가?	육안	C

E : 건물의 익스팬션 통과부[49)]

조사 부위	진단 기준	진단 방법	진단 순위
변위흡수조치의 상태	① 변위흡수이음 등이 사용되어 있는가? ② 변위흡수이음 등에 열화나 손상은 없는가? ③ 변위흡수이음 등의 가통성, 변위흡수량은 양호한가? ④ 배관의 익스팬션조인트 전후는 단단하게 고정되어 있는가?	육안 B 육안 · 촉각진단 육안 C 육안 · 촉각진단	 B B

❖ 시험 · 조사 포인트

☞ '건축설비 · 승강기 내진기준 및 개수지침'에서는 배관에 대해 진단순위가 'C'인 경우가 많은데, 여러 조건을 고려하여 가급적 진단을 실시하는 것이 바람직하다.

☞ 내진진단에 앞서 진단할 설비부위로서 기기의 기초, 배관계의 부위 및 접속부 등의 부위를 미리 선정할 것.

☞ 건물 도입부의 이음이나 매설되어 있는 곳 등 육안 · 촉각진단이 어려운 경우에는 설계도서와 면담조사(청취조사) · 시굴 등에 의해 확인할 것.

배관의 지지

2 평가 · 판정방법

판 정

■ : 양호
■ : 요주의
■ : 요개선

1. **지지철물의 사양-(표 A)**
판정 기준 ☞ 표준 타입과의 비교로 판단
■ 표준 타입보다 작음(부재, 앵커볼트)

2. **지지철물의 열화-(표 A)**
판정 기준 ☞ 열화 상태로 판단
■ ① 금속 표면이 너덜거리는 등 부식이 심함
② 지지철물이나 너트 등이 갈라져 깨짐
③ 앵커볼트나 너트에 느슨함

3. **지지철물에 대한 지지 · 고정-(표 A)**
판정 기준 ☞ 표준시방서와의 비교로 판단
■ 뽑아진 지배관에 유효한 변위흡수가 되어 있음
■ ① 지지 강재가 표준시공에 준하지 않음
② 세움배관 하부에서의 자중 지지방식으로 지지가 약함
③ 지배관의 벽 관통부가 모르타르 등으로 완전 고정화
■ ① 적당한 간격으로 흔들림 방지가 되어 있지 않아 지지 부족
② 지지 강재에 자유도가 없는 시공
③ U 볼트, U 밴드가 단단히 조여져 있음

4. **지지철물의 시방서-(표 B)** ☞ 1. 참조
판정 기준 ☞ 내진지지방식의 서방서를 확인한다.
■ 표준 타입보다 작음(부재, 앵커볼트)

5. **지지철물의 열화-(표 B)** ☞ 2. 참조

6. **지지철물에 대한 지지 · 고정-(표 B)**
판정 기준 ☞ 내진지지방식의 구분을 확인한다.
■ 내진 지지, 고정간격, 흔들림 방지가 부적절

7. **배관의 지지 · 고정간격-(표 B)**
판정 기준 ☞ 표준사양과의 비교로 판단
■ 지배관에 동배관과 변위흡수이음을 사용
■ 구체 관통부의 지관이 2엘보(3엘보가 아님)

8. **배관의 흔들림 방지 조치-(표 B)**
판정 기준 ☞ 흔들어서 탈락 · 헐렁함 · 누수 등의 발생여부를 확인한다.

9. **기초의 사양-(표 C)**
판정 기준 ☞ p.122 '1. 기초의 사양' 참조
■ 내진공통가대 기초의 3곳 중 한 곳은 구체일체형이나 바닥기초(표준지지부는 보형 기초와 독립기초)
■ 내진지지기초가 보형 기초, 독립기초로 되어 있음

10. **기초의 상태-(표 C)**
판정 기준 ☞ p.122 '2. 기초의 상태' 참조

11. **앵커볼트의 사양-(표 C)**
판정 기준 ☞ p.122 '3. 앵커볼트의 시방서' 참조

12. **앵커볼트의 열화-(표 C)**
판정 기준 ☞ p.122 '4. 앵커볼트의 열화' 참조

13. **강제가대의 사양-(표 C)**
판정 기준 ☞ p.122 '5. 가대의 시방서 기초' 참조
■ 시공방법과 사양 부재가 표준과 다름

14. 가대, 지지철물의 열화-(표 C)

판정 기준 ☞ p.122 '6. 가대의 열화' 참조

15. 지지철물의 시방서-(표 C)

판정 기준 ☞ p.122 '6. 가대의 열화' 참조

16. 지지철물의 열화-(표 C) ☞ 4. 참조

17. 지지철물에 대한 지지 · 고정-(표 C) ☞ 6. 참조

18. 배관의 지지 · 고정간격-(표 C) ☞ 7. 참조

19 지반침하의 상태 -(표 D)

판정 기준 ☞ 기초 주위의 지표면 · 포장면에서 조사

■ 지반침하가 있지만 침하량이 적으며 진행되지 않음

■ 지반침하량이 뚜렷하며 인입배관에 영향을 미칠 우려가 있는지 확인

20. 연약지반에서의 이음-(표 D)

판정기준 ☞ 적절한 변위흡수조치가 되어 있는지 확인

■ 지반침하량이 적고(5cm 정도) 변위흡수조치가 없음

■ ① 지반침하량이 심하고(20cm 정도) 변위흡수조치가 없음
② 이음 주위에 고정이 없는 경우

21. 변위흡수이음의 열화 · 손상-(표 D)

판정 기준 ☞ 균열 등의 조사

■ 문제가 될 것 같은 균열 등

22. 변위흡수이음의 성능-(표 D)

판정 기준 ☞ 적절한 이음을 택했는지 확인

23. 변위흡수이음 등의 채용-(표 E)

판정 기준 ☞ 시공상태 확인

■ 변위흡수이음이 시공되어 있지 않음

■ 이음 주위에 고정이 없는 경우

24. 변위흡수이음의 열화 · 손상-(표 E) ☞ 21. 참조

25. 변위흡수이음의 성능-(표 E)

판정 기준 ☞ 필요변위흡수량과의 비교

■ 변위흡수량이 부족

필요변위흡수량 〉

: 상대변형량 R : 층간변위각 1/200 정도 : 배관지상높이

26. 익스팬션 조인트 전후의 배관-(표 E)

판정 기준 ☞ 변위흡수이음 근처에서 단단하게 고정

* 해설문 중의 표 A~표 E는 p.122~123의 표를 참조할 것

❖ 평가 · 판정 포인트

☞ 횡인관의 내진지지철물 사양이 설치층에 따라 A종 내진 또는 B종 내진이 사양(A종도 가능)인지를 확인할 것.

☞ 횡인관의 내진지지, 고정간격 및 흔들림 방지는 표준지지간격의 3곳 중 1곳은 A종 내진지지방식, 또는 B종 내진지지방식을 설치층에 따라 구분했는지 확인할 것.

☞ 익스팬션 조인트부의 층간 변위는 건물의 구조에 따라 다르므로 구조담당자에게 확인할 것.

9장 부 록

1 내진 법규의 변천

1. 과거의 대지진과 내진 법규

일본의 내진관련 법규는 여러 대지진의 교훈을 통해 다음 표와 같이 점차 개정되어 왔다. 그 중에서도 1978년 미야기현 해안의 지진 이후 1981년 6월에 대폭 개정된 건축기준법시행령에서는 종전의 내진기준과는 크게 다른 '신내진설계법' 이 도입되었다.

일반적으로 1981년 6월 이전 건물을 '구내진기준', 그 이후의 건물을 '신내진기준' 으로 구분하고 있다.

또한 1995년 1월에 발생한 효고현 남부지진(한신 · 아와지 대지진)에서는 '신내진기준' 을 따르지 않은 건물에 큰 피해가 발생했다.

과거의 대지진과 내진 법규의 변천

지진명	발생년도	규모	내진 법규	시행년도
관동지진 (관동대진재)	1923.9.1	M7.9	시가지건축물법 개정 '지진력 K=0.1'	1924
후쿠이지진	1948.6.28	M7.1	건축기준법 제정 '지진력 K=0.2'	1950
도카치오키해안지진	1968.5.16	M7.9	건축기준법시행령 개정 '기둥의 전단보강 강화'	1971
미야기현해안지진	1978.6.12	M7.4	건축기준법시행령 대개정 '신내진설계법' 시행	1981
효고현 남부지진 (한신 · 아와지 대진재)	1995.1.17	M7.3	건축물의 내진개수 촉진에 관한 법률 제정	1995

* p.130 '과거의 대지진과 내진 법규의 변천' 참조

효고현 남부지진으로 크게 파손된 건물

2. 기존의 부적격 건물

다음 표는 신내진기준(1981년 6월) 이전에 건설된 단독주택을 제외한 건축물의 비율을 나타낸 것인데, 내진진단이 필요한 건물이 많이 있음을 알 수 있다.

과거의 대지진과 내진 법규의 변천

건물 용도	총 동수	기존의 부적격 수	비율
공동주택	2,040만(호)	200만(호)	10%
사무소	100만(동)	31만(동)	31%
학교	33만(동)	17만(동)	50%
점포	79만(동)	27만(동)	35%
호텔 · 여관	17만(동)	7만(동)	42%
병원	10만(동)	3만(동)	31%
기타	97(동)	37만(동)	38%

* 국토교통성 주택국 조사(2003년)에 의함

2 효고현 남부지진의 교훈

1. 구조체의 피해 상황

① 기둥의 전단 파괴
② 건물 중간층의 강도부족에 의한 파괴
③ 필로티 형식의 건물 파괴
④ 형태면에서 비정형인 건물의 파괴

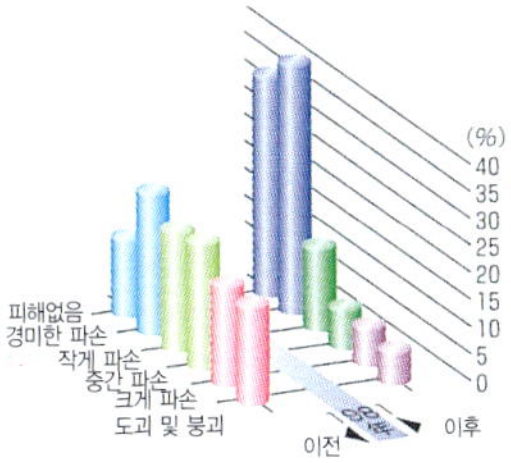

2. 비구조부재의 피해상황

① 세로벽 삽입철근공법의 ALC 외벽은 구조체가 크게 파손되지 않았어도 패널이 탈락되었다.
② PC 커튼월은 철근콘크리트조, 철골조 모두 탈락된 경우가 있었는데, 이는 건물 구체의 손상에 의한 경우가 많았다. 단, 일부 보수가 필요한 것도 많았다.
③ 철근콘크리트조 기초의 타일붙임은 크게 파손된 건물에서 탈락되었다.
④ 철골조의 라스모르타르는 절반 이상이 탈락되었다.
⑤ 프리액세스플로어는 기기의 전도에 의한 2차 피해가 많다.
⑥ 재래식 반자, 시스템 반자 모두 손상 낙하가 많이 발생했다.

ALC패널의 탈락

타일붙임의 탈락

3. 설비기기의 피해상황

① 공조설비의 피해는 실외기 등의 기기 이동 전도가 많으며, 배관이나 덕트는 접속부의 파손이 가장 많았다.
② 위생설비는 기기의 이동파손, 배관의 손상에 의해 급배수 설비에 피해가 집중되었다.
③ 전기설비의 피해는 조명기구의 낙하가 가장 많고, 변압기의 이동전도, 스피커, 배전반, 검지기, 제어반 등의 피해도 많았다.

보일러의 전도

덕트의 손상

4. 그 밖의 피해상황

① 건물의 붕괴는 면했더라도 건축설비, 인프라의 손상에 의해 계속적인 생활이 불가능하게 되었다.
② 비구조부재, 가구, 집기 등에 의한 인적 피해가 많았다.
③ 앞으로는 지진피해를 사용자 입장에서 종합안정성(안진성 확보, 손상방지, 건물의 기능 유지)을 평가할 필요성이 다시금 인식되었다.

3 내진 진단의 과정

내진진단이란 기존 건물에 의한 피해 가능성의 크고 작음을 판단하여 안전성을 확인하는 것이다. 효고현 남부지진에서는 '신내진기준' 시행 이전 건물에서 큰 피해가 발생하여 이 시기에 건설된 건물의 내진진단을 서둘렀다.

예비조사계획

예비조사 · 계획

1. 설계도서 확인
   ☞ 건축도면, 구조도, 구조계산서, 확인신청서 등의 확인. 설계도서가 없을 경우에는 현재 건물의 도면화와 배근량의 확인이 필요하다.
2. 진단계획 입안
   ☞ 건물 전반의 육안에 의한 예비조사를 하여 '내진진단'의 범위, 기간, 비용 등을 포함한 전체적인 계획을 입안

↓

현지조사

현지조사

1. 설계도서와의 대조
   ☞ 내진벽 등이 설계도서대로 배치되어 있는지 확인. 과거에 대규모 개수나 증개축이 실시되었을 경우에는 특히 주의
2. 휨, 균열, 경과년수 열화의 조사
   구조체 콘크리트의 강도 · 중성화 · 손상도 등을 조사. 강도와 중성화 등의 물리시험을 병용하여 객관적인 자료를 얻는다.
3. 비구조부재, 설비기기의 조사
   ☞ 비구조부재나 설비기기의 설치상태를 조사

↓

내진진단계산

내진진단계산

신내진설계법과 동일한 방식으로 기존 건물의 내진성능을 평가하여 건물의 규모 · 형상 · 구조종별로 적절한 방법으로 진단.

1. 1차, 2차, 3차 진단
   ☞ 진단 차수가 올라갈수록 산정법이 자세하며 정확도도 높아진다.
2. 보유내력에 의한 검토
   ☞ 보유수평내력을 산출하여 필요보유수평내력과의 비교로 내진성능을 판단한다.
3. 지진응답해석
   ☞ 예상 지진파의 응답해석 등으로 상세한 진단을 한다.

↓

종합평가

종합평가

1. 내진지표 판정
   ☞ 내진진단계산결과를 신내진설계법을 바탕으로 평가하고, 안전성을 평가한다.
2. 보고서 작성
   ☞ 종합평가 및 내진보강제안에 대한 보고서를 작성한다.

4 내진 보강의 과정

내진진단이란 기존 건물에 의한 피해 가능성의 크고 작음을 판단하여 안전성을 확인하는 것이다. 효고현 남부지진에서는 '신내진기준' 시행 이전 건물에서 큰 피해가 발생하여 이 시기에 건설된 건물의 내진진단을 서둘렀다.

방침 · 대책(안)

1. 보강안 작성

☞ 설정된 보강 목표치에 따라 보강안을 작성한다.

① 내력을 올린다. → 벽 보강, 철골 브레이스 보강 등
② 연성을 증진한다. → 기둥 · 보 보강(강판, 섬유돌림보강) 등
③ 지진력을 차단한다. → 면진공법
④ 흔들림을 제어한다. → 제진공법(제진부재를 배치)

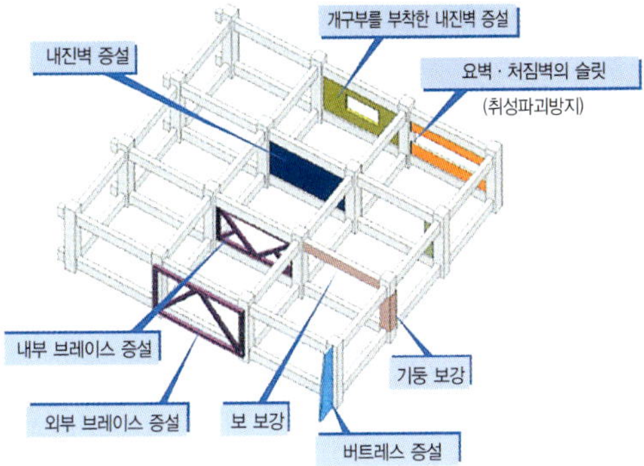

2. 관련 법규와 대조

↓

보강설계

보강설계

1. 내진보강안을 포함한 보강설계

☞ 보강 후의 목표치와 대조한다.

2. 건물의 사용성 검토

☞ 공사중, 공사완료 후의 사용을 염두에 둔다.

↓

보강공사

내진보강공사

1. 면밀한 공사계획 입안

☞ 내진보강공사의 대부분은 건물을 사용하면서 실시하기 위해 공사에 앞서 면밀한 공사계획을 입안한다.

2. 환경배려공법 채택

☞ 내진보강공사중에 발생하는 소음, 진동, 분진을 저감하는 '환경배려공법'을 채택한다.

5 과거의 대지진과 내진 법규의 변천

연대	1900년 이전	1920년대	40년대	50년대	60년대
설계법	구내진기준				
대지진	노미지진 1899 10.28 M8.0 진도6	관동지진 (관동대진재) 1923 9.1 M7.9 진도6	후쿠이지진 1948 6.28 M7.1 진도7		니이가다지진 1964 6.16 M7.5 진도6
교훈	● 내진연구 시작	● 내진설계 법규제도를 촉구	● 철근콘크리트조 건물의 붕괴 ● 진도층에 진도 7을 추가		● 액상화의 위험성이 드러남
법규		**1924년** **시가지건축물법 개정** 지진력 $P = K \times W$ K = 0.1(수평진도) W : 해당 부분의 건축물 자중		**1950년 11월** **건축기준법 제정** 허용응력도 개정 지진력 $P = K \times W$ K = 0.2(설계용 기본 수평진도) W : 해당 부분의 건축물 자중	

내진진단 · 개수지침

계통별 분류	기준명칭	발행년도	발행
종합	관청시설의 종합내진진단 · 개수기준 및 동해설	1996년 발행	건축보전센터
RC계	기존 철근콘크리트조 건축물의 내진진단기준 · 개수설계지침 · 동해설(2001년판)	1997년 발행 1990년 개정 2001년 개정	일본건축방재협회
SRC계	기존 철근콘크리트조 건축물의 내진진단기준 · 개수설계지침 · 동해설(개정판)	1983년 발행 1997년 개정	일본건축방재협회
S계	내진개수촉진법을 위한 기존 철골조 건축물의 내진진단 및 내진개수지침 · 동해설	1996년 발행	일본건축방재협회
목조계	목조주택의 내진진단과 보강방법	1985년 발행 2004년 개정	일본건축방재협회

60년대	70년대	80년대	90년대	2000년대
구내진기준		신내진기준		
도카치오키 해안지진	미야기현 해안지진	일본해 중부지진	효고현 남부지진(한신아와지대전재)	니카타현 주에쯔 지진
1968 5.16	1978 6.12	1983 5.26	1995 1.17	2004 10.23
M7.9 진도6	M7.4 진도6	M7.7 진도7	M7.3 진도7	M6.8 진도7
• 철근콘크리트 단주의 붕괴 • 철근콘크리트 구조물의 내진성에 경종	• 필로티 형식, 내진벽 편재 건물, 블록벽, 2차부재의 피해		• 도시직하형지진, 액상화, 중간층의 파괴, 필로티 파괴, 철골조 접합부 · 주각, 인프라 피해	• 토사재해, 지반붕괴

1971년 1월	1981년 6월	1995년 12월	2000년 6월
건축기준법시행령 개정 철근콘크리트조 기둥의 전단보강 강화 전단보강근 간격 30cm→15cm 이하 (단, 주두 · 주각부분은 10cm 이하)	**건축기준법시행령 개정** '신내진설계법'의 시행 2단계설계법 도입	**건축물의 내진개수 촉진에 관한 법률** '신내진설계법' 이전의 구기준으로 설계된 건축물의 ① 내진성능 파악, ② 내진성능 향상	**건축기준법 개정** 건축기준의 성능 규정화 **2004년 6월** **건축기준법 개정** 내진개수촉진 강화

내진진단 · 개수지침

계통별 분류	기준명칭	발행년도	발행
설비계	건축설비 · 승강기 내진진단기준 및 개수지침(1996년)	1996년 발행	일본건축설비 · 승강기센터
비구조부재계	외벽의 지진에 대한 안전성 평가방법 · 동해설	2004년 발행	건축 · 설비유지보전추진협회

내진설계지침

계통별 분류	기준명칭	발행년도	발행
종합	관청시설의 종합내진계획기준 및 동해설	1996년 발행	공공건축협회
설비계	건축설비내진설계 · 시공지침(1997년판)	1997년 발행	일본건축센터
비구조부재계	비구조부재의 내진설계시공지침 · 동해설 및 내진설계시공요령	1985년 발행 2003년 개정	일본건축학회

유 병 억

한양대학교 건축공학과 졸업
한양대학교 대학원 건축공학과(공학석사)
건국대학교 대학원 건축공학과(공학박사)
(사)한국건축구조기술사회 회장 역임
(사)한국콘크리트학회 부회장 역임

현재/ 강남대학교 건축공학과 교수

건물진단

2008년 1월 25일 1판 1쇄 인쇄
2008년 1월 30일 1판 1쇄 발행

편　　저　건물의 장수명회

역　　자　유 병 억
발 행 인　강 해 작
발 행 처　도서출판 기 문 당
주　　소　서울시 성동구 공명길 39 (하왕십리동 966-22)
전　　화　02) 2296-6171(代)~5
팩　　스　02) 2296-8188
출판등록　1976. 10. 7(1-44)
홈페이지　http://기문당
　　　　　www.kimoondang.com
I S B N　978-89-6225-001-5　93540

정　　가　12,000원

건축기술핸드북 시리즈

Building Construction HandBook

건축기술자 · 설계자 · 관리자들이 표준적인 품질을 확보하기 위해 항상 휴대하면서
일상 업무의 문제점을 그때그때 해결하여 품질향상에 기여하고자 가이드 북으로 발간

철근배근

유병억 편역/ 84페이지/ ISBN978-89-6225-005-3/ 정가 9,000원

안전관리

손기상 역/ 96페이지/ ISBN978-89-6225-004-6/ 정가 9,000원

클 레 임

남진권 역/ 128페이지/ ISBN978-89-6225-006-0/ 정가 12,000원

건물진단

유병억 역/ 136페이지/ ISBN978-89-6225-001-5/ 정가 12,000원

방수공사

오상근 역/ 124페이지/ ISBN978-89-6225-002-2/ 정가 12,000원

설비공사

박준석 역/ 118페이지/ ISBN978-89-6225-003-9/ 정가 10,000원

(근간) 현장관리